Die Wissenspille

Pierre Sens

Ein Beitrag zum Jahr der Lebenswissenschaften, 2001

ISBN 3-8311-2181-8

Copyright by Pierre Sens, 2001

Herstellung: Books on Demand GmbH, Norderstedt

Printed in Germany

Inhaltsverzeichnis:

Vorwort	Seite 5
Vom Computer zur Wissenspille	Seite 8
Wissenschaft und Politik	Seite 14
Wissenschaft und Militär	Seite 49
Wissenschaft und Umwelt	Seite 70
Wissenschaft und Erbgut	Seite 80
Die Rechte der Kinder	Seite 121
Ethik und Menschenrechte	Seite 151
Schlußwort	Seite 164

Vorwort:

Dies ist keine Belletristik, keine Schönschreiberei, diese Zukunftsdokumentation ist vielmehr eine Warnung an die Menschheit! Es zeigt die Zukunft wie sie schon in den nächsten Jahren sein könnte und sein wird, denn es steht uns in der Wissenschaft - mit der Wissenspille - eine neue biotechnologische Revolution bevor, von der ein weitreichendes Maß an Gefährdung für die Allgemeinheit ausgeht. Deswegen will dieses Werk auch nicht unterhalten und erhebt auch keinen Anspruch darauf ein literarischer Kunstgenuß zu sein, so wie beispielsweise Goethes „*Faust*" es sein mag, es soll vielmehr als ein deutlicher Gefahrenhinweis für die Bevölkerung verstanden werden, die auf eine kommende Katastrophe zusteuert. Und das Unheil wird eintreten, wenn die Menschen weiterhin so unberührt und unbeteiligt ihren Werdegang als Menschheit - und die Welt an sich - in die falsche Richtung sich bewegen lassen. Darum soll dieses Werk auch ein wenig helfen, uns vor den Verführern zu schützen, die Heil für unser Leben versprechen (mit immer neuen Erfindungen und Forschungsergebnissen) – und zwar durch Aufklärung.

Nicht das „*Human Genom Project*" allein ist die einzige Wissenschaftssensation des neuen Jahrtausends, worauf derzeit die ganze Welt achtet, sondern auch (wenngleich noch gänzlich fast unbemerkt) die Wissenspille. Mit der Wissenspille - einem wirklichen Geniestreich der Wissenschaftler – könnte nun bald das größte und spannendste Zeitalter der Menschheit beginnen, aber vielleicht auch ihr letztes, denn die aus dieser Wissensrevolution entstehende Welt wird für die Menschen zu einer höchst bedrohlichen Welt werden.

Bereits 1991/92 (also zu einer Zeit, wo gerade das Home-PC Zeitalter anbrach und der 286er PC noch auf dem jungen EDV-Markt vorhanden war und das Internet gerade erst erfunden wurde) hatte ich mit meinem Projekt „*Vision 2000*" die Öffentlichkeit (und einer erstaunten Fachwelt) auf eine neue Epoche aufmerksam gemacht: die multimediale Zukunft. Dazu gehörte insbesondere eine kooperative TV-Fernuniversität. 1993 schrieb ich meine weitergehenden Gedanken hierzu auf und daraus entstehend erschien 1995 in einem norddeutschen Verlag das Buch „*Multimedia, ISDN und satellitengestützter Fernunterricht*" (derzeit noch immer aktuell und jetzt im Internet zu lesen unter: **www.nett-surfen.de/Multimedia**).

Dort wurde auch bereits auf die Möglichkeit der Herstellung einer Wissenspille aufmerksam gemacht und auf hierdurch entstehende Gefahren hingewiesen. Meine Zukunftsvisionen waren zu dieser Zeit noch utopisch, aber sie sind schneller wahr geworden, als es die meisten, die hiervon wussten, für möglich hielten.

Mit der Wissenspille haben die Wissenschaftler bereits zu Beginn unseres neuen Jahrtausends begonnen zu experimentieren und es war immerhin eine kurze Meldung (im Frühjahr 2000) in den Abendnachrichten wert - eine Meldung die sicherlich Verwunderung und Befremden ausgelöst hatte, wussten die allerwenigsten Menschen mit dieser Information über die *KI-Biomedizin* (KI steht hier für künstliche Intelligenz) doch etwas anzufangen. Von daher wurde dieser Hinweis von der Öffentlichkeit auch nicht weiter beachtet und hinterfragt, womit diese Meldung auch kein öffentliches Interesse hervorrufen konnte, aber sie hat das Tor zu einer neuen Epoche der Spezies *Homo sapiens sapiens (dem Jetztmenschen)* geöffnet und den Start zur Herstellung der Wissenspille freigegeben. Ihr Siegeszug wird, wie auch die Genom-Forschung oder die Erforschung neuer Waffensysteme mit Massenvernichtungspotential (und die Expansion der hieran beteiligten Industrien) nicht mehr aufzuhalten sein, denn alle drei Wissenschaftsgebiete ergänzen und unterstützen sich und bringen sich somit gegenseitig voran.

Doch was ist die *Wissenspille* überhaupt?

Die Wissenspille ist ein Stoff, deren Substanz eine gewisse Datenmenge an Informationen aufnehmen kann (ähnlich wie ein Mikrochip), um diese Informationen nach dem für sie vorgesehenen Gebrauch an die hierfür vorgesehene Stelle wieder abzugeben – im Gehirn des Menschen.

Das bedeutet, die einzelnen Moleküle der Wissenspille bilden damit ein festes Material (denkbar wäre auch eine Masse nicht fester Konsistenz, eventuell geleeartig), welches ähnlich behandelt wird wie ein Mikrochip, dem man Informationen einspielt, das dann aber nach der Einnahme im Menschen beginnt sich langsam aufzulösen, ohne seine Informationen dabei zu verlieren und dabei noch in der Lage ist sie dort zu verankern, wo sie dem Menschen von größtem Nutzen sein kann - in den Gehirnnervenzellen. Auf diese Art und Weise lässt sich Wissen vervielfältigen. Man nimmt die Wissenspille wie eine Medizin ein und braucht bestimmtes Wissen nicht mehr zu erlernen. Man hat dann vielmehr Zeit neues Wissen zu schaffen, welches wiederum auch einer neueren Generation von Wissenspillen dienen wird. Der Fortschritt wächst somit stetig fort und beschleunigt sich immer schneller. Das Wissenspotential der Menschen explodiert förmlich. Entweder unreguliert und zerstörerisch oder reguliert als Antrieb in neue, bislang für uns unbegreifliche Dimensionen.

Die Zukunft wird schnelllebiger und grausamer werden, aber auch spannender und interessanter - und die Hoffnung auf eine zivilisierte Zukunft mit mehr Menschlichkeit wird immer größer, da sie immer nötiger wird. Die Chancen aber, auf eine humanistische und ethische Zukunft (unter traditionell christlich-religiösen Gesichtspunkten betrachtet) wird zusehends schwinden, je weiter die Wissenspille entwickelt werden wird.

Alle Veränderungen und Neuerungen werden uns als Fortschritt verkauft werden, zum Wohle der Menschheit, aber es steckt viel mehr dahinter, man nennt es die *Omega-Theorie*.

Innerhalb dieser Theorie ist der Mensch aber nur (er)tragender und ausführender Teil, jedoch nicht der auftraggebende Part. Dieser nämlich (für die einen ist es Gott, für die anderen, insbesondere die Atheisten, ist es die Natur) besagt, dass alles Seiende vergeistigt werden soll; d. h., am Ende soll der Kosmos ein einziger globaler und allüberragender Geist sein. Das ist im ersten Moment sicher nicht nachvollziehbar und klingt ziemlich außergewöhnlich, geradezu verrückt, hat aber Methode. Eine Methode, die sich mit jedem weiteren Menschen mehr erklären lässt.

Wollen Sie mehr hierüber wissen? Dann lesen Sie hierzu auch im Internet mein Werk „*Theorie der dynamischen Realität*" aus dem Jahre 1989. Die Internetadresse ist: „**www.urformel.de**".

Wie der Verlauf auch sein wird oder möglicherweise sein könnte, darüber handelt das vor Ihnen liegende Buch. Es ist nichts für schwache Gemüter, denn die neue Welt wird eine gefährliche Welt sein, wie sie es bisher noch nicht gab. Ich wünsche Ihnen deshalb gute Nerven beim Weiterlesen und vor allem für Ihre Zukunft viel Glück.

Pierre Sens

Vom Computer zur Wissenspille

Jeder kennt ihn, viele haben ihn, manche lieben ihn. Den Computer!

Das man Wissen (welches ein Teilprodukt menschlicher Intelligenz ist, ebenso wie beispielsweise das Erkenntnisvermögen und die Denkfähigkeit) auch auf andere Stoffe übertragen kann, also Informationen, die sich primär als Zustandsarten elektrischer Felder beschreiben lassen, wissen wir seit der Erfindung der Elektronenmaschinen (auch Elektronengehirne genannt).

Dieses dort auf einem Medium untergebrachte Fachwissen ist (von uns aus betrachtet) **extern** im Gegensatz zu unserem **intern**en intelligentem Medium - unserem Geist. Aber dieses externe Medium, welches zwar nicht intelligent ist, aber dafür gezielte Fachinformationen bereithalten kann, kann Hervorragendes für den Menschen leisten, insbesondere durch die Verknüpfbarkeit mit anderen Medien in sogenannten Netzwerken.

Das wohl größte bestehende Netzwerk, an dem zigtausende Computer angeschlossen und beteiligt sind, ist das Internet. Hier werden täglich Millionen von Daten und Informationen ausgetauscht. Aber hinter jedem PC (**Personal**Computer) stehen auch Menschen. Menschen, die auf der Suche nach Informationen sind und Menschen, die Informationen anbieten. Es sind aber nur geringe Mengen an Informationen, die ein Mensch übers Internet mühselig sammeln kann. Und der Zeitaufwand hierfür ist ziemlich hoch. Zudem gibt es eine unüberschaubare Flut an Informationen und einen Großteil der Zeit verbringt man damit, diese Informationen zu selektieren. Nachdem man nun seine gewünschten Informationen erhalten und herausgefiltert hat, muß man sie aber auch erst einmal studieren und es beginnt nun ein mühseliger und langwieriger Lernprozeß – je nach Inhalt der Aufgabe und den persönlichen Fähigkeiten. Derzeit sind auch noch die meisten Fachinformationen frei und kostenlos zugänglich, der Trend ist aber abzusehen, dass in Zukunft hauptsächlich nur noch *Pay-News* (also zahlungspflichtige Informationen) im Internet zu erhalten sind. Es wird viel Geld kosten sich die nötigen Informationen, die man haben will, zu beschaffen, und nicht jeder wird hierzu vermögend genug sein.

Der Zeitfaktor ist hierbei auch ein entscheidendes Kriterium, denn „*Zeit ist Geld*". Der Tag scheint mit seinen 24 Stunden auch recht kurz zu sein. Und die eigene Lebenszeit ist ebenfalls nur äußerst begrenzt. Zudem ist die Aufnahmefähigkeit vom persönlichen Tagesrhythmus und anderen Bedingungen abhängig. Und so ergeben sich eine Vielzahl von Begrenzungen, die es kaum möglich machen, ein großes umfassendes (Fach-)Wissen zu erwerben – in einem für den Menschen erträglichen Zeitrahmen.

Wenn wir aus dem Schulzeitalter entlassen und in die Arbeitswelt geschickt werden, wo wir auch erst einmal wieder neues Wissen erlernen müssen, ist ein Großteil unseres Lebens schon vorbei. Und für viele war es schon ziemlich mühselig, überhaupt bis hierher zu kommen. Es wird vieles gelernt und leider auch wieder vieles vergessen. Denn, seien wir ehrlich, der Mensch ist von Natur aus vergesslich. Ein gut funktionierender Computer, der uns nicht im Stich lässt, ist es nicht. Wir schalten ihn ein und er präsentiert uns sein abgespeichertes Wissen, Tag für Tag, so oft wir wollen. Was liegt da näher, als uns diese positiven Eigenschaften zunutze zu machen? Beispielsweise bei der Völkerverständigung, indem wir Fremdsprachen nicht mehr erlernen, sondern per Sprachwissenspille diese uns aneignen.

Wenn wir quasi dieses externe Medium (sagen wir mal jetzt, es wäre die Festplatte des PC's) in uns selbst, in unseren Kopf, einbauen würden (das geht natürlich so nicht), dann könnten wir dessen Informationen direkt (direkter ginge es ja dann nicht mehr) nutzen. Unser Gehirn würde dann also auf diese Festplatte zugreifen, um Daten abzurufen. Und zwar Daten, die dieses Gehirn selbst nicht vorliegen hat.

Und wenn es ein Wechselfestplattensystem wäre, dann könnte man den Datenträger auch immer wieder austauschen und immer neuere Informationen einspeisen. Die ganze Sache hat natürlich einen großen Haken. Wer möchte schon mit einer Festplatte im Kopf herumlaufen?

Wohl keiner, und daher geht so etwas natürlich nicht. Auch wenn tatsächlich angesehene Wissenschaftler uns bis jetzt noch weismachen wollen, dass hier die Zukunft drin läge. Sie sind der Meinung, dass der Einbau eines Mikrochips (mit Sender für den Anschluss ans Satelliten-Internet) uns als zweites Gehirn hilfreich wäre. Zumindest für Top-Agenten dürfte die Cyborg-Lösung (ein Mensch mit einem funkkontaktfähigen Chip im Hirn) vielleicht eine interessante Lösung sein, allenfalls noch für Tiefseetaucher, damit sie ständig wichtige Daten direkt in ihre Gehirnwindungen geschossen bekommen, ansonsten ist so etwas nur für Sciencesfictionkrimischreiber noch interessant. Da können sie dann über Cyborger schreiben, deren Chip im Hirn weltweit vernetzt mit anderen Hirnchips sind, die ihre Informationen gegenseitig austauschen, um sich so zu einem virtuellen Gigagehirn aufzuschwingen. Dies kommt auch der *Omega*-Theorie sehr nahe, wonach alles Sein in einem großen Verbund vergeistigt werden soll. Jedoch haben auch Mediziner ein Interesse an Gehirnchips, da sie der Ansicht sind, in Krankheitsfällen, wie bei *Morbus Alzheimer*, könnte ein Chip als mikroelektronisches Implantat die Hirnleistung verbessern oder heilende Prozesse auslösen und damit die Auswirkungen der Krankheit mindern. Deshalb wollen die Wissenschaftler auch weiter daran arbeiten, einen Cyborger (Zwitter aus Mensch und Maschine) zu erschaffen.

Es mag wohl möglich sein, dass sich einige Testpersonen gegen gutes Geld hier finden ließen, die sich ein solches Gerät unter ihre Schädeldecke oder in ihre Haut einoperieren ließen. Was ja auch bereits geschehen ist. 1998 hatte beispielsweise Kevin Warwick, ein Professor der Kybernetik, sich ein Chip implantieren lassen. Nun soll dieses Jahr noch (Stand Mai 2001) sich seine Frau opfern, sich ebenfalls ein Chip implantieren zu lassen, und beide wollen sich dann miteinander zu einem Netzwerk verkabeln lassen, wobei sie erhoffen, über diese Standleitung mittels Nervenimpulsen und Gedankenkraft sich austauschen zu können. Sie wollen damit den Startimpuls geben, für eine kommende Cyborger-Generation.

Aber es ist nicht vorstellbar, dass in unserer heutigen Zeit eine größere Zahl von Personen sich freiwillig einem derart riskanten Experiment mit chirurgischen Eingriff unterziehen würden. Allerdings, das muß man diesen Forschern zugestehen, wenn sie noch nie über eine Wissenspille nachgedacht haben, müssen sie zwangsläufig auf eine so absurde Idee kommen. Da man aber Informationen auf so vielen verschiedene Materialien unterbringen kann, warum also nicht auch in der Form einer Tablette - zum Einnehmen? Warum nicht als *Wissenspille*? Wir schlucken diese Tablette und danach gehen die Wissensstoffe durch den Blutkreislauf zum Gehirn, wo sie von den Botenstoffen in die Gehirnnervenzellen eingebracht und gelagert werden und wo sie dann ihre Wirkungen entfalten können. So einfach ist das. Und es geht, seien Sie da sicher!

Es wird allerdings noch eine Weile dauern, bis die ersten Wissenspillen hergestellt sind und die Entwickler haben derzeit noch ein gutes Stück Arbeit hier vor sich liegen. Aber Astronauten heil zum Mond zu bringen und ebenso heil wieder zurück, war ja anfangs auch nicht leicht und dennoch ist es gelungen. Viele von uns waren sogar Zeitzeugen dieses Meilensteins in der Entwicklungsgeschichte des Menschen gewesen, zu dem man wirklich sagen kann, ein: *„großer Sprung für die Menschheit"*. Und jetzt wird bereits der Mars untersucht und die Reise mit Menschen dorthin vorgeplant (an dieser Stelle möchte ich empfehlen, mein noch immer aktuelles Werk *„Zukunftsperspektive Raumfahrt"* aus dem Jahre 1992 zu lesen, im Internet unter „**www.nett-surfen.de/Raumfahrt**").

Erst vor cirka 105 Jahren (1891-1896) unternahm Otto Lilienthal die ersten Flüge mit einem Hängegleiter, und es sind noch keine 100 Jahre her (es war im Jahre 1903), da startete der erste Motorflug der Brüder Wright. Mit Jurij Gagarin startete vor 40 Jahren (1961) der erste Mensch ins All und vor ca. 30 Jahren (1969) betraten mit Neil Armstrong und Edwin Aldrin die ersten Menschen den Mond. Und es leben heute noch Menschen unter uns, die die ganze bisherige Luftfahrtgeschichte - seit Lilienthal - miterlebt haben und die sich nun anschicken, auch die erste Epoche des Biotechzeitalters mitzuerleben.

Wenn man sich diesen Entwicklungszeitraum (von 1903 an) betrachtet, vom ersten Motorflug bis zum Betreten des Mondes (1969), so sind seit damals keine 70 Jahre vergangen. Das war wirklich ein gigantischer Sprung der Menschheit. Und wie gigantisch erst einmal die Sprünge mit Hilfe der Wissenspille werden, ich glaube, dafür wird niemandem die Phantasie ausreichen, um hier genügend Vorschläge zu machen, was im einzelnen alles entwickelt werden könnte und entwickelt werden wird. Aber immerhin ist das Bemerkenswerte hieran, dass es heutzutage noch nicht einmal eines ganzen durchschnittlichen Menschenalters bedarf, um eine solche rasante Entwicklung miterleben zu dürfen. Viele Menschen werden heutzutage sogar weit älter als 70 Jahre. Wenn wir also heute Kinder in die Welt setzen, dann erleben sie noch viel größere Entwicklungssprünge mit als die, die wir erfahren durften, da ja in den nächsten Jahren noch die Wissenspille, als Intelligenzverstärker und Datenpool, mit zum Tragen kommt.

Wie aber war der sprunghafte Fortschritt in den letzten 100 Jahren überhaupt möglich?

Es haben immer mehr Wissenschaftler an einer immer größer werdenden Anzahl von Problemen und Projekten gearbeitet. Und sie haben ihre Erkenntnisse untereinander ausgetauscht. Das

Wissen konnte sich so immer dynamischer vermehren. Man kann sagen, in den letzten 100 Jahren haben mehr Wissenschaftler an Projekten gearbeitet, als seit Bestehen der Menschheit insgesamt überhaupt. Hinzu kam, dass die Wissensvermehrung industrialisiert und automatisiert werden konnte und dass damit Verfahren entwickelt wurden, die das neue Wissen schneller verbreiten konnten, wobei das noch recht junge Internet eine weitere Beschleunigung in Kraft setzen konnte. Die Wissenspille ist daher die letzte Konsequenz hieraus. In Zukunft werden noch mehr Wissenschaftler an noch mehr Problemen und Projekten arbeiten, was die Wissensvermehrung noch dynamischer machen wird. Sobald aber die Wissenspille auf dem Markt ist, kann man nicht mehr von einer bloßen Wissensvermehrung sprechen, sondern direkt von einer Wissensexplosion. Überhaupt wird die Wissenspille viele frühere Visionen und Utopien über unsere Zukunft zunichte machen, da der Wissensstand nunmehr revolutioniert wird, und der bisher von vielen als determiniert angesehene Lebensweg der Menschheit - aufgrund der Wissenspille - in eine etwas andere Richtung ablaufen kann. Und das eben alles nur wegen einer kleinen Pille! Und die Wissenspille verursacht eine noch größere Revolution, als es beispielsweise die Antibabypille oder der *„Potenzverstärker"* Viagra verursachen konnte.

Aber kaum jemand hat sich bisher hypothetisch – und schon mal gar nicht öffentlich - mit den Auswirkungen der Wissenspille intensiv beschäftigt. Das soll mit diesem Werk nun nachgeholt werden, weil die Auswirkungen allein schon im Felde der Forschungen so gravierend für die gesamte Menschheit sein wird, dass es nun, nachdem ich schon vor vielen Jahren die Idee einer Wissenspille öffentlich publik machte, mir es persönlich geradezu eine moralische Pflicht ist, eine Zukunftshypothese niederzuschreiben und zu veröffentlichen, um auch auf die Gefahren, die sich hieraus ergeben können, hinzuweisen. Damit ist außerdem ein Thesenpapier erstellt, welches sich zugleich mit den durchaus gegebenen positiven Möglichkeiten beschäftigt, damit baldmöglichst eine öffentliche und politische Diskussion über Sinn und Unsinn der Wissenspille stattfinden kann. Eine Diskussion, die unbedingt ins *„Jahr der Lebenswissenschaften"* mit hineingehört, denn betroffen durch die Wissenspille sind ja alle Wissenschaftsgebiete sowie auch alles Leben auf dieser Erde und zudem, dies muß ich hier deutlich sagen, nicht eine ferne Zukunft, mit der wir nichts mehr zu tun haben werden, sondern unsere eigene, die wir in den nächsten Jahren mit Sicherheit noch miterleben werden.

Die Wahrheit, die Realität, wird durch die Auswirkungen der Wissenspille künftig immer befremdlicher, und die Lebensumstände, in die die Menschen hierdurch hineinkommen, werden oft auch grausam, brutal, entmenschlicht und ebenso unnachgiebig sein, dennoch muß die Wahrheit allen nähergebracht werden, denn sie ist auch unsere Zukunft.

Und die Zukunft ist näher als der nächste Horizont!

Wissenschaft und Politik

Der Tag X.
Es ist der Tag, an dem die ersten Prototypen einer Wissenspille getestet werden (bereits zu Beginn des Jahres 2000 geschehen).

Üblicherweise müssen dafür erst einmal die Tiere herhalten, denn wie bei fast allen anderen medizinischen Neuheiten, gibt es erst einmal Tierversuche, bevor ein Produkt auf den Markt kommt. Aber was will man mit ihnen, den Tieren, hier versuchen? Was sollten Tiere mit einer Wissenspille anfangen? Welches Wissen sollten sie denn bekommen? Etwa Sprachwissen?

Ja, man stelle sich wirklich einmal vor, die Wissenschaftler schaffen es auf diese Art und Weise, also mittels Wissenspille, die Tiere zum Sprechen zu bringen (und das möglichst noch in unserer deutschen Sprache). Wie würde das unsere Welt verändern? Daher experimentiert man in den Labors beispielsweise mit Mäusen, Ratten, Affen und Schweinen. Am interessantesten dürfte aber wohl dabei der Affe sein, da er uns entwicklungsbiologisch am nächsten zu sein scheint.

Um es an dieser Stelle noch einmal festzuhalten, die Wissenspille ist (unglaublich aber wahr) kein Produkt meiner vergangenen Phantasie mehr, sondern ein tatsächliches Präparat, an dem die Wissenschaftler längst arbeiten. Drei Forscher erhielten sogar im Jahr 2000 den **Nobelpreis** für Medizin, weil sie die Idee der Wissenspille auf eine wissenschaftliche Basis stellten, indem sie entdeckten wie Nervenzellen sich ändern, wenn wir lernen, und welche biologischen Vorgänge überhaupt hierbei ablaufen. *Paul Greengard* (Rockefeller-Universität in New York), *Arvid Carlsson* (Universität Göteborg) und *Eric Kandel* (Columbia-Universität in New York) waren die Preisträger. Ihre Arbeit war ein wichtiger wissenschaftlicher Beitrag um die Wissenspille herstellen zu können. Am 8. Mai 2001 gab es dann auch die erste Sendung (im WDR bei „*Quarks & Co.*" mit Ranga Yogeshwar als Moderator) zum Thema **Wissenspille** (hier auch schon mal mildernd *Lernpille* genannt). Die zur Zeit hypothetischen Möglichkeiten an Fortschritten, die im wissenschaftlichen und technischen Bereich liegen (positive wie negative), sind dementsprechend ernst zu nehmen, also auch der wissenschaftliche Versuch Wissenspillen für die Allgemeinheit herzustellen.

Aber auch die Tiere zum Sprechen zu bringen, indem sie ihnen das Wissen hierzu vermitteln wollen, sind ernsthafte Versuche der Wissenschaftler. Denn Wissen ist nicht alleine auf den Menschen bezogen, und Wissen alleine ist nicht Intelligenz. Und auch nicht Menschlichkeit. Wissen ist „*gespeicherte Information*". Wissen allein, macht deshalb auch nicht weise. Und die Genialität kommt von Kreativität und Individualität und nicht alleine durch Wissen. - Sicher, ohne Wissen wüssten wir davon nichts, Wissen ist ja ein Teilprodukt der Intelligenz. Aber auch Tiere haben ein gewisses Maß an Intelligenz und Kreativität. Und wenn Tiere Wissen und Sprache erwerben, werden wir feststellen, wie viel Kreativität und Intelligenz in ihnen steckt – und auch wie viel Individualität.

Im Washingtoner-Zoo laufen schon seit einiger Zeit Experimente mit Orang-Utan-Affen, in denen man mit Hilfe von Computern den Affen eine rudimentäre Sprache beibringen will. In einem biologischen Institut in Ostdeutschland (in der Nähe von Rostock) versucht man Ziegen, Hunden und Katzen Buchstaben beizubringen. Man will deren Intelligenz nutzen, um ihnen Wissen und Sprache zu vermitteln. Tiere, die Sprechen können sollen, ist ein Feld, womit sich die Forscher also ernsthaft beschäftigen. Und mit der Wissenspille bekommen sie ein Instrument in die Hand, dass sie ihrem Ziel näher bringen wird.

So sitzen die Gelehrten bereits jetzt schon in ihren Laboratorien, in denen sie ein lösliches Medium, in welchem sie einige Informationen abspeichern können, produzieren, um es an den Tieren zu testen. Sie werden es ihnen injizieren oder als Medikament zur Nahrungsbeigabe verabreichen. Anschließend studieren sie genau die Auswirkungen des Präparats.

Die ersten Schwierigkeiten, die überwunden werden müssen, bestehen hier, ein geeignetes Medium zu finden, auf welchem man Informationen speichern kann und welches zudem die Eigenschaft besitzt, nach seiner Auflösung mit Wasser und anderen Stoffen (beispielsweise Blutplasma), mit denen es in Berührung kommen wird und kann, seine Informationen nicht zu verlieren und diese dann auch noch am Zielort, den Nervenzellen im Gehirn, abzulagern, um dem dortigen Medium verlustfrei zur Verfügung zu stehen. Die Informationen müssen also von den Rezeptoren, die an den Kommunikationsschnittstellen von Neuronen, den Synapsen, sitzen (und die an den meisten Umbauvorgängen im Gehirn beteiligt sind), aufgenommen werden, wobei die Reizempfängerzelle dann den Botenstoff (Glutamat) ausschüttet, der als Überbringer die Informationen an die Nervenzellen weiterleitet, in denen sie schließlich ablagert werden. Damit die Nervenzellen auch die mitgebrachten Informationen verarbeiten können, müssen die energetischen Vorgänge, die die Wissensstoffsubstanzen auslösen, noch oszillatorisch auf die Nervenbahnen der Sinneszellen eingestellt werden, was mit genau abgestimmten Zusatzstoffen erreicht wird.

Bei den ersten Experimenten mit der Wissenspille wird man erst einmal die Auswirkungen ihrer Stoffe bei den Tieren studieren. Verhalten sie sich nach Einnahme des Medikaments anders? Haben sie etwas aus deren Substanzen umsetzen können, bzw. haben die neuronalen Netze die Stoffe aufgenommen und die Informationen erkannt, d. h., haben die Geschöpfe etwas gelernt? Können sie sich uns gegenüber jetzt schon irgendwie mitteilen?

Man wird die Tiere, also auch die Menschenaffen, nach Einnahme der Medikamente sezieren und deren Gehirne untersuchen, beispielsweise ob sich Änderungen des Gehirngewebes und ihrer Sinneszellen ergeben haben.

Die Informationen, die die Tiere anfangs bekommen, werden einfachster Natur sein. Beispielsweise die Info: „*Keine Banane essen!*", was ja durchaus eine Lieblingsspeise der Menschenaffen ist. Nimmt der Menschenaffe nun keine Banane mehr an, kann man von einem Erfolg des Experiments ausgehen. Anschließend wird man mehrmals das Experiment wiederholen (auch mit anderen Tieren), bis man sicher ist, dass diese Versuche erfolgreich waren. Danach werden es andere Informationen sein, mit denen der Menschenaffe und die anderen Tiere gefüttert werden. Und je erfolgreicher diese Experimente ablaufen, umso mehr Informationen wird man ihnen eintrichtern. Die Wissenspille entwickelt sich so peu a peu zu einer Wissensdatenbank, der immer mehr Daten hinzugefügt werden.

Hat man diese Stufe erreicht, also dass die Wissenspille einfachste Informationen weiter geben kann, dann wird man versuchen, als nächst höhere Stufe den Tieren eine Sprache beizubringen. Es wird zunächst keine menschliche Sprache sein, sondern eine auf ihr geistiges Niveau zugeschnittene vereinfachte Sprache, in welcher sie ihren Willen und vielleicht auch schon ihre Empfindungen in elementarster Art und Weise bekunden können. Und dann geht es Schritt für Schritt weiter, bis die Tiere eindeutig sprechen können. Jedenfalls betrifft das die Tiere, die ausreichend

Gehirngewebe mit Nervenzellen und Synapsen zur Verfügung haben, wo die Stoffe der Wissenspille sich verankern können. Und diejenigen Tiere, die es nicht haben, werden später gentechnologisch so lange behandelt, bis sie es haben. An Gehirngewebeerweiterungen mittels Gentechnik über Stammzellentherapie arbeiten die Wissenschaftler bereits mit Hochdruck. Immerhin haben sie es ja auch schon geschafft, einer Maus menschliches Gehirngewebe nachproduzieren zu lassen. Derzeit (Anfang des Jahres 2001) ist sogar die ganze Angelegenheit vor einem sogenannten Ethikrat anhängig, damit die Wissenschaftler nun die Erlaubnis bekommen, (menschliches) Gehirngewebe in Tieren nachzüchten zu dürfen. Es gibt Versuche von Forschern, die die Nervenzellen von Tieren (beispielsweise die der Schlammschnecke) zur Kommunikation mit einem Chip an einem Computer anschlossen, wobei die Verständigung zwischen Nervenzellen und Mikrochip über elektrische Impulse ablief. Zelle und Chip kommunizierten so miteinander. Die Experimente beurteilten die Forscher als erfolgreich. Man versucht also, sich dem Ziel aus mehreren Richtungen zu nähern.

Wenn es dann soweit ist, dass man mit Hilfe der Wissenspille (oder mit anderen Mitteln und Methoden) die Tiere zum Sprechen bringen kann, dann wird auch die Tierindustrie ihre Freude daran haben, denn es verspricht ihnen reichlichen Gewinn. Nicht nur im agrarindustriellen Bereich wird man für sprechende Tiere Verwendung finden, sondern auch im privaten Bereich; denn statt Plüschtieren mit langweiligen Tönen vom Mikrochip wird es echte sprechende Tiere für den Hausgebrauch geben (primär Hunde und Katzen). Für die Kinder könnte das sogar eine spannende Kindheit werden. Und die Kinderärzte und Psychologen werden ebenfalls sich freuen, dürfte doch so ein kleiner sprechender Freund für die Kinder besonders pädagogisch wertvoll sein (guter Charakter vorausgesetzt - bei Kind und Tier). Und welcher Hundebesitzer wird sich nicht daran erfreuen können, wenn er nach der Arbeit von seinem Hundchen mit netten Worten zu Hause empfangen wird? Die Spielzeugroboter werden schnell ausgedient haben, denn (so hoch auch die Entwicklungskosten dieser High-Tech-Spielzeuge gewesen sein mögen) gegen einen echten sprechenden Vierbeiner aus Fleisch und Blut kommt keine Bleckkiste, kein noch so guter Hunderoboter, gegen an. Doch die Tiere müssen dabei äußerst intelligent und liebenswürdig sein (selbst bei schlechter Behandlung), damit sich der

Mensch nicht an ihnen erzürnt, mit nachhaltigen Konsequenzen für das Tier selbst.

Am Sprachprogramm sind verschiedene Wissenschaftsgebiete beteiligt und vor allem verschiedene Institutionen. Zu den Wissenschaftlern gehören beispielsweise diejenigen, die sich mit dem Speichermedium der Wissenspille beschäftigen (Physiker, Biochemiker, Technologen etc.). Die anderen erforschen die Tierwelt (beispielsweise Linguisten, Molekularbiologen oder Neurologen). Aber die Tiere müssen nicht nur sprechen können, sie müssen auch verstehen, was die Menschen ihnen mitteilen, damit sie entsprechend darauf reagieren und sich mit ihnen *unterhalten* können. Festzustellen ist, dass im Wege der Forschung der Einsatz der Wissenspille, insbesondere im Tierbereich, in Zukunft große Änderungen hervorrufen wird.

Neben der Wissenspille versucht man auch mit anderen Methoden zum gleichen Ergebnis zu kommen. So haben die Wissenschaftler Mäusen bereits menschliche Gehirnzellen eingepflanzt, damit sie nach einer genetischen Behandlung ihres kleinen Mäusehirns zu einem Hirn mit menschlichem Gehirngewebe und humanen Eigenschaften kommen können. Tiere mit menschenähnlichen Gehirnen, sogenannte Mensch/Tier-Hybriden, sind also bereits in der Entwicklungsphase der Genlaboratorien. Wenn demzufolge (in Zukunft) auf dem Land uns ein Schaf von der Weide aus ansprechen sollte und uns einen schönen Tag wünscht, dann sollten wir das Schaf zuerst einmal fragen, ob es sein Sprachwissen von der Wissenspille her hat, oder ob sein Verstand aufgrund einer gentechnischen Manipulation zum Sprachwissen führte, also ob sein Zerebrum etwa dem eines menschlichen Gehirnes gleicht (hoffentlich ist das Schaf dann nicht beleidigt)? Das liest sich zwar jetzt ganz humorvoll, aber wenn es in einigen Jahren soweit ist, dann ist es fraglich, ob alle Menschen das ebenso amüsant finden. Die Wissenschaftler werden vielleicht keine schwatzhafte Kuh, kein sprachbegabtes Schaf oder ein redseliges Schwein erschaffen wollen, aber die Landwirte sind wohlmöglich daran interessiert, dass ihre Tiere gewisse Grunddaten von sich geben könnten. Beispielsweise ihren Namen (sofern ihnen einer gegeben wurde), damit sie in großen Herden auseinander zu halten sind. Natürlich müssten die Tiere auch genetisch so verändert werden, dass sie ein Sprachorgan entwickeln können, womit sie ihre Gedanken - bzw. die vorgegebenen Informationen - auch aussprechen könnten. Für die Gen-

Wissenschaftler dürfte dies sicherlich zukünftig kein Problem sein, diese genetischen Änderungen herbeizuführen.

Der Einsatz der Wissenspille bei den Tieren ist aber nur eine Vorstufe zum Einsatz dergleichen bei den Menschen. Bisher plagte die Menschheit sich damit herum, vom Kindesalter an alles lernen zu müssen, vom Alphabet bis hin zur Mathematik, Physik, Chemie und so weiter und so weiter. Wie schön wäre es doch, wenn wir uns diese Zeit des Lernens sparen könnten, stattdessen besser die Zeit damit verbringen würden, neueste Erfindungen zu kreieren und damit neues Wissen zu schaffen? Und dieses neue Wissen dann mittels Wissenspille auch wiederum zu vermehren.

Statt bis ins mittlere Lebensalter studieren zu müssen, wird dank der Wissenspille die Studienzeit auf ein paar Seminartage eingegrenzt werden können. Überfüllte Universitäten, proppevolle Hörsäle und Studentenunruhen dürften dann der Vergangenheit angehören. Aber nicht nur die Studenten oder die halbwüchsigen Lehrjungen und –mädels werden zu ihrer Ausbildung die Lernpille bekommen, sondern auch schon die Kinder, bereits bevor sie überhaupt schulpflichtig geworden sind. Die Forderung so mancher Kinder, die Zeugnisse abzuschaffen, letztendlich die Schule überhaupt, könnte somit in Erfüllung gehen. Das wäre den Politikern auch recht, könnten sie doch hierdurch viel Geld einsparen. Doch sind erst einmal die Schulen abgeschafft, dann ist die Einnahme der Wissenspille Pflicht. So werden in Zukunft bereits Säuglinge und Kleinkinder die Wissenspille zu sich nehmen müssen, damit sie die Schule nicht mehr besuchen brauchen, aber dennoch den althergebrachten, wie auch den neuen, Lernstoff intus haben, sogar noch besser als selbst gelernt. Dank deren Wissensinformationen - und ihrer eigenen kindlichen Kreativität - können sie auch gleich damit beginnen, neue Wissensgebiete zu ermitteln und neues Wissen zu schaffen. Man wird also auf diesem Wege versuchen, kleine Einsteins und andere Genies heranzuzüchten. Dann gibt es auch nicht mehr den Wettbewerb „*Jugend forscht*", der wird ersetzt werden vom Wettkampf „*Kinder forschen*". So gelangen die Menschen aus dem Lern- und Kommunikationszeitalter ins Hyper-Forschungszeitalter.

Aber die rechtlichen Aspekte muß man hier auch betrachten, beispielsweise ob man einem Menschen gegen seinen Willen, und/oder ohne sein Wissen (beispielsweise entscheidungsunfähige Personen wie Kleinstkinder), die Wissenspille geben darf.

Das betrifft also insbesondere Kleinkinder, die es ja noch gar nicht abschätzen können, was es mit der KI-Biomedizin auf sich hat. Durch die Wissenspille werden also eines Tages sehr tiefgehende Kinder- und Menschenrechte in Frage gestellt werden und eine gesetzliche Einschränkung, vielleicht gar ein Verbot, wäre notwendig. Andererseits können aber auch später einmal die Erwachsenen behaupten, sie hätten ein Recht darauf die Wissenspille nehmen zu dürfen, denn zur Würde des Menschen in einem Gemeinwesen gehört es, dass ihm nicht ein rechtlich abgewerteter Status zugewiesen wird, den er nun ohne die Einnahme der Wissenspille gegenüber diejenigen Mitbürger hätte, die sie nehmen dürfen, da diese Personen nun weitaus mehr Wissen haben und dadurch einen höheren sozialen Status erreichen können, als man selbst, dem die Wissenspille vorenthalten wird. Neue Gesetze werden also notwendig sein um das regeln zu können. Hier sind Politik und Justiz gefragt, wie weit sie hier Regeln aufstellen wollen und können.

Man bedenke auch, mit der Wissenspille lässt sich zwar Lernstoff vermitteln, aber keineswegs soziales Verhalten in einer Gemeinschaft. Die Wissenspille mag zwar theoretisches Rüstzeug mitgeben, aber die reale Gemeinschaft lässt sich nur in der Praxis erleben und soziales Verhalten nur in der Gruppe erlernen. Wenn die Einnahme der Wissenspille dazu führt, dass man auf Schulen verzichtet, dann werden die Schüler keine sozialen Kontakte mehr knüpfen können und möglicherweise unfähig werden Bindungen einzugehen, insbesondere später dann Partnerschaften, um eine Ehe führen und eine Familie gründen zu können. Es wird daraus eine Gesellschaft von Einzelgängern entstehen, die unfähig zu kommunikativen und sozialen Verhalten ist. Einzelgängertum ist aber ein sozialer Rückschritt in der Entwicklung des Menschen. Vereinsamung bedeutet Absterben und Verlust von lebenswichtigen sozialen Informationen, die im Netz einer Überlebenskultur notwendig sind. Einzelgängertum ist daher der soziale Tod der Menschheit, einhergehend mit einem drastischen Rückgang der Weltbevölkerung, welchen die Einzelgänger später in fortgeschrittenem Stadium nur noch durch Technik (Fortpflanzungsmedizin) zu verhindern versuchen können.

Bereits heute wandelt sich die Weltgemeinschaft (der früheren Großfamilien) zu einer Gesellschaft der Singles, die alleine in eigenen Mini-Wohnungen leben, insbesondere in den Großstädten. Da beträgt der Anteil der Singlehaushalte schon über fünfzig Prozent. Immer mehr Alleinerziehende vermitteln auch ihren Kindern keine soziale Sicherheit der Gemeinschaft mehr und lassen ihnen Einsamkeit spüren und den Egoismus lehren. Denn während früher in Großfamilien Rücksicht, Toleranz und gegenseitige Hilfe groß geschrieben wurde, sind das nunmehr für Einzelgänger Schimpfwörter, die soziales Verhalten als Belastung für sich empfinden, als einen Verlust von Freiheit, der mit zunehmender Vereinsamung immer tiefergehender wird, so dass selbst eine liebende Partnerschaft nicht mehr eingegangen werden kann, da sie unter diesen geistigen und seelischen Voraussetzungen nur noch eine Qual sein wird. Selbst ein Kind, was eigentlich ein Produkt der Liebe sein sollte (und nicht nur zur Fortpflanzung des Menschen dienen soll), wird als unerträgliche Belastung und als Kostenfaktor empfunden, welchem man sich gerne entledigt. Da ist man dann auch leicht gewillt, die natürliche Austragungszeit in der mütterlichen Gebärmutter in eine künstliche Uterus zu verlegen, da dies die Freiheit von der Fortpflanzung bedeutet. Später werden die Kinder in Tageshorts (Ganztageskindergärten und -schulen abgeschoben), damit der Staat für die Erziehung und den Unterhalt aufkommen kann und soll. Kinder werden so nur noch für die Bestandssicherung der Menschheit gebraucht werden und zum persönlichen Vergnügen (wenn einem danach ist sich an der liebevollen Kinderseele zu erwärmen und die Kinderfreude zu konsumieren). Aber immer weniger Erwachsene sind bereit sich ganztägig der Erziehung und Pflege der Kinder zu widmen und dies als eine wertvolle Aufgabe anzusehen, die notwendig wäre - der Kinder wegen, aber auch um die Welt zu verbessern. So aber werden schon kleine Kinder zu verbitternden Menschen erzogen, denen das wichtigste zu ihrer Entwicklung vorenthalten wird: genügend Liebe sowie ausreichend Fürsorge und Pflege. Und es sind dann auch nicht mehr die Kinder der Eltern, sondern die des Staates und der Staatsgemeinschaft.

Da nicht nur Kinder konsumiert statt geliebt werden, sondern auch eheähnliche Partnerschaften, und die Ehe dadurch in den letzten Jahrzehnten zu einem Muster ohne Wert geworden ist (wodurch die lebenslange Monogamie zu einem Rudiment aus alten Zeiten wurde), werden die Partner heutzutage nur noch eine zeitlang getestet. Und ebenfalls getestet wird, wie wohl die Kinder werden, die aus diesen Partnerschaften entstehen können. Da die Kinder aber nach diesem Test nicht verschwinden, sondern dauerhaft bleiben, werden sie in die nächste Partnerschaft mit hineingenommen, und so entstehen immer mehr „*Patchwork-Familien*", wo Kinder (mit Halbgeschwistern) aus verschiedenen Partnerschaften zusammenleben. Für die Kinder sind diese Trennungen und neuen Beziehungen aber kein Vergnügen, sondern eine seelische Belastung, ja gar eine psychische Katastrophe, dessen sich hieraus entstehendes emotionales Leid durch ihr ganzes Leben ziehen wird. Und da sie es nicht anders gelernt haben, werden sie es später auch nicht anders machen, wenn sie selbst *Erwachsen* geworden sind.

Die Anfänge zu einem solchen Volksverhalten sind aber viel weiter in unserer Vergangenheit zu suchen, als wie wir vielleicht jetzt glauben wollen. Am 24. Mai 1889 verabschiedet der Reichstag das von der Regierung vorgelegte und durch *Otto von Bismarck* (1815-1898), dem Gründer und ersten Kanzler des *Deutschen Reiches,* durchgesetzte „*Gesetz zur Alters- und Invaliditätssicherung*". Nach Zustimmung von *Kaisers Wilhelm II.* (1888-1918) trat es am 22. Juli 1889 in Kraft.

Seitdem aber die Sozialversicherungen und Renten eingeführt wurden, um für den Unterhalt der alten arbeitsunfähigen Menschen aufzukommen (zweifellos war das eine soziale Errungenschaft), ist es mit der Solidarität der Gemeinschaft vorbei. Ja es war der Todesstoß der Großfamilien, da nun niemand mehr, selbst im hohen Alter nicht, auf die soziale Sicherheit der Großfamilie noch angewiesen sein mußte. Und es war seitdem nicht die einzige soziale Versicherung die ins Leben gerufen wurde. Derzeit gibt es noch viel mehr:

- die Rentenversicherung,
- die Krankenversicherung,
- die Unfallversicherung,
- die Arbeitslosenversicherung und
- zuletzt auch noch die Pflegeversicherung.

So gut geschützt und versichert, wer braucht da noch die Solidarität der Großfamilie oder die einer anderen vergleichbaren Gemeinschaft?

Und je besser die Wissenspille entwickelt werden wird, umso geistig reger werden die Alten noch im hohen Alter sein und je besser die Medizin selbst aus Greisen noch Jünglinge macht, umso weniger brauchen sie auch im hohen Alter (hohes Alter nach unserem heutigem Ermessen) die Hilfe anderer Menschen. Umso eher sind die Menschen gewillt, als Einzelgänger durch die Welt zu laufen.

Eines Tages, davon können wir ausgehen, werden alle Erwachsenen Wissenspillen bekommen. So bekommt der Physiker die neuesten Ergebnisse und Erkenntnisse aus dem Cerner Teilchenbeschleuniger, der Computerfachmann die neuesten Programmiersprachen aus den Künstliche-Intelligenz-Labors und der Biologe, der Menschen klonen will, bekommt die ganze Genkarte mit allen zugehörigen Informationen durch die Wissenspille serviert. Und diejenigen, die an diese spezialisierten Wunderpillen herankommen, gehören vorerst zu den Privilegierten, denn nicht jeder wird sie anfangs bekommen können bzw. dürfen. Diese wundersamen Wissenspillen bedeuten ja auch, *zu Macht, Ansehen und Wohlstand* zu kommen, weil diejenigen, die diese Wunderpillen zuerst einnehmen, ja ein viel größeres Fachwissen haben werden, als andere es je erlernen könnten. Was hätte beispielsweise ein Anwalt für einen großen Vorsprung gegenüber anderen Berufskollegen in seiner Branche, wenn er alle Gesetzestexte per Wissenspille sich aneignen würde? Die Experten auf ihrem Gebiete haben dank Wissenspille ja ein Spitzen-Know-how und werden die Elite der Wirtschaft, der Politik und ebenfalls des Militärs sein. Da wird man nicht so schnell jeden hinkommen lassen wollen.

Doch man soll sich nicht täuschen, denn auch diejenigen, die die Wissenspille nehmen, werden nicht unbedingt mit dem Fortschritt mitkommen. Die natürliche Sättigungsgrenze der Nervenzellen und ihrer Synapsen (Kontaktstellen zwischen den Nervenzellen) eines menschlichen Gehirns verhindert eine Überfütterung durch Informationen. Genwissenschaftler arbeiten deshalb bereits daran, Menschen mit größeren Gehirnen und mehr Gehirnwindungen züchten zu können, die noch mehr Wissen aufzunehmen vermögen. Erste Tests für Gehirnmassenerweiterungen waren bei Mäusen schon erfolgreich. Die Tests für die Menschen sind bereits im Gange. Durch Genmanipulation mittels Stammzellen wird eine Vergrößerung der Hirnmasse angeregt und damit die Ausbildung von Nervenzellen und Synapsen, die Informationen aufnehmen und speichern können. Um nebst dem Menschen, möglichst allen Tieren mehr Wissen zukommen lassen zu können, z. B. um eine von uns vorgegebene Sprache erlernen zu können, brauchen außer den Mäusen viele andere Tierarten auch mehr

Hirnmasse. Da die ersten Tests bei Mäusen bereits erfolgreich waren, werden die (Gen-)Experimente nun auch auf andere Tierarten ausgedehnt und forciert werden, so dass die Wissenspille hier ein großes Erprobungsfeld finden wird, damit sie in den nächsten fünf bis zehn Jahren erfolgreich dort eingesetzt werden kann. Der Alterungsprozeß von Gehirnzellen wurde bereits bei Experimenten gestoppt, so dass sich Gehirnzellen weiter bilden konnten. Nachdem die Wissenschaftler bei Mäusen erste Erfolge aufweisen konnten, das Gehirngewebe zu reproduzieren, sind nun Tests an Menschen besonders gefragt.

Da die Biotechnologie immer mehr der Schlüssel zu Macht, Ansehen, Einfluß und Wohlstand werden wird, werden auch Kreise in diese Bereiche eindringen (wollen), die ansonsten ein ganz anderes Feld vertreten. So könnte die millionenschwere Drogenmafia sich in Biokonzernen einkaufen, um beispielsweise zu verhindern, dass die Biologen Gene manipulieren, welche die Menschen nicht mehr drogensüchtig werden lässt. Gegenteilig könnte ihr Einfluß bewirken, dass die Drogensucht schon genetisch festgelegt wird. Wer solche Gedanken nun als blödsinnigen Zukunftshorror runterspielt, dem sei darauf hingewiesen, dass es bereits Sekten gibt die in diesen Bereichen agieren, so wie die kleine (aber millionenschwere) Sekte „*clonaid*", und welche behaupten, dass sie mit dem Klonen des Menschen in ihren Geheimlabors bereits begonnen haben. Aber Drogenmafia und Sekten sind nicht die einzigen, die sich mit viel Geld in die Biotechnologie einkaufen werden. Terroristen, Militärs und viele andere noch, werden auch versuchen hier Fuß fassen zu können. Dadurch, dass der Biotechmarkt jedem offen steht (was in einer freien Marktwirtschaft ja auch sinnvoll ist), geht ein große Gefahr für die Menschheit aus.

Auch wenn nicht alle Menschen gleich nach der Markteinführung diese spezialisierten Wissenspillen bekommen werden, so wird es doch zu einem späteren Zeitpunkt zumindest eine Art *Volkswissenspille* geben – ja geben müssen!

Da der Staat daran interessiert ist, dass seine Bürger wissender sind als die Bürger der anderen Staaten, und damit den nationalen Konkurrenten gegenüber wirtschaftlich ein höheres Stadium einnehmen zu können (was auch eine höhere Produktivität mit sich bringen wird und höhere Staatseinnahmen), wird der Staat womöglich eine *Pflicht zur Einnahme der Wissenspille* einführen wollen.

Da zudem mit natürlichen menschlichen Fähigkeiten diesem, durch die Wissenspille entfachten, rasanten Fortschritt nicht mehr nachgekommen werden kann (Wer kann bereits heute noch alle technischen Geräte wie Handys, Videorekorder, Camcorder, PC und so weiter problemlos bedienen?), wird der Bevölkerung letztlich eine Allroundwissenspille zur Verfügung gestellt werden müssen. Die Einnahme ist dem Bürger möglicherweise anfangs noch freigestellt, falls der Staat sich aus politischen Gründen nicht gleich für eine Pflicht entscheiden konnte. Wer sie aber nicht einnimmt, kommt nicht mehr in dieser hypermodernen Leistungsgesellschaft mit, verliert seine Arbeit und gerät ins soziale Abseits und verarmt zusehends. Er wird wohlmöglich sogar obdachlos und kann seinen Broterwerb nur noch durch Betteln erreichen. Bereits heute gibt es in unserer Leistungsgesellschaft hunderttausende Menschen, die nicht mehr mitkommen und auf der Straße leben, wo sie um ein paar Mark betteln und damit um die Gnade bitten überleben zu dürfen, später dann werden es Millionen sein.

Da aber noch nicht abzusehen ist, welcher Staat und welche Nation als erstere in den Genuß der Wissenspille kommen wird, sollten wir dennoch darüber nachdenken, was geschieht, wenn Deutschland das erste Land hierbei wäre. Denn viele Entwicklungen in der Weltgeschichte gingen ja von Deutschland, dem Land der Dichter und Denker, aus. Aber es lohnt sich auch darüber nachzudenken und zu spekulieren wie die Menschheitsgeschichte ablaufen wird, wenn ein anderer Staat vor uns die Wissenspille auf den Markt bringen wird und Deutschland (mitsamt dem Rest der Welt) gegenüber dieser Nation technologisch weit zurückfallen sollte, welchen Weg wir dann alle gehen werden. Unabhängig davon, welche Nation als erstes die Wissenspille zur Marktreife bringen wird, so wird es dennoch alle Menschen dieser Erde betreffen und ist dann, wie die zunehmende Umweltschmutzung auch, ein globales Problem.

Aufgrund der Flut an technischen Neuerungen und an benötigtem Fachwissen, um in einer aufwendigen Welt noch zurechtkommen zu können, wird jedenfalls die Allroundwissenspille dringend notwendig sein, denn selbst der intelligenteste Mensch kann die vielen Neuerungen gar nicht mehr erfassen, da er dafür gar nicht mehr genügend Lebenszeit hat. So wie der Informatiker auch heute schon nicht mehr alle Programme kennen kann, da die Millionen verschiedenen Softwareartikel in einer normalen

Lebenszeit gar nicht mehr zu lesen sind und schon mal gar nicht mehr erlernbar. Es bleibt jedem Menschen nur ein Ausschnitt anzunehmen von allen verfügbaren Informationen, daran ändert auch die Wissenspille nichts. Durch sie wird der Ausschnitt auf den einzelnen Menschen bezogen zwar größer (in Bezug zu unserer heutigen Zeit), gleichzeitig wird sie aber für mehr Informationen sorgen, so dass auf dem gesamten Informationsstand gesehen der Ausschnitt eher klein bleibt, den ein Mensch sich aneignen kann, und immer kleiner wird, je weiter der allgemeine Wissensstand sich entwickelt. Das allwissende Superhirn, ein künstliches biologisches Gehirn ungeheuren Ausmaßes, werden die Wissenschaftler daher zu schaffen versuchen. Und wer weiß, wie weit sie in ihren geheimen Labors schon damit sind? Der Zusammenschluß von Millionen PC`s übers Internet (auch private) zu einem globalen Elektronengehirn, welches Rechenleistungen vollzieht die selbst ein einzelner Superrechner nicht bewerkstelligen könnte, ist bereits im Gange. Viele Bürorechner übernehmen beispielsweise die Berechnungen für neue Arzneimittelprodukte, obwohl sie nicht genau wissen, für welche medizinischen Projekte sie ihre Rechenleistung wirklich hergeben. Ein wenig naive Gutgläubigkeit ist mit dabei im Spiel.

In Sciencesfiction-Filmen und in der Literatur gab es schon mal die Vorstellung, dass es ein an Apparaturen (zur Lebenserhaltungsfunktion) und an ein Computer (zum Informationsaustausch) angeschlossenes Supergehirn (dass so groß ist wie ein Medizinball oder auch größer) geben könnte, welches mit Hilfe eines PC-Sprachprogramms den Menschen gegenüber seine wissenschaftliche Erkenntnisse und seinen Willen äußern kann. Auch diese Utopie ist nicht mehr weit von der Realität entfernt. Die Wissenspille wird den Wissenschaftlern den Weg hierzu ebnen, zu Mister X, dem Allwissenden. Aber auch eine andere Vision wäre denkbar, nämlich, dass man Menschen mit zwei Köpfen (Siamesische Zwillinge) oder auch mit mehreren Köpfen züchtet, deren neuronalen Netzwerke im Verbund zusammengeschaltet werden und damit ebenfalls das geistige Potential eines Supergehirns hätten. Ethische Bedenken werden die Wissenschaftler auch hier nicht haben, denn die Ethik der Wissenschaft besagt, dass *„Forschung vor Ethik"* geht.

Die Wissenspille gibt es aber erst einmal nicht umsonst, denn sie kostet Geld (insbesondere anfänglich aufgrund der Entwicklungs- und Herstellungskosten). Und so wird der Tag kommen, wo kapitalkräftige Firmen sie für ihre (besten und beliebtesten) Mitarbeiter einkaufen werden, damit sie fachlich auf den neuesten Stand kommen können, um auch so einen Vorsprung vor der Konkurrenz zu erhalten. Das hat zur Folge, dass es durch Fusionen und Konzentrationen immer mehr Großkonzerne geben wird, die den kleineren Betrieben - dank des Potentials der Wissenspille - weit überlegen sein werden.

    Kleine und mittelständische Betriebe, die sich keine Wissenspillen für ihre Mitarbeiter leisten können (hinzu kommen noch die technischen Gerätschaften, bzw. die Kosten für die Dienstleistungen, um die Informationen für die Wissenspillen zu erhöhen), werden kaum noch eine Chance in der Marktwirtschaft haben, obwohl sie bisher fast 90 % aller Betriebe ausmachen und ca. 70 % aller Arbeitsplätze sowie ca. 80 % aller Ausbildungsplätze (auf Deutschland bezogen). Dieser Verlust wird zu hohen Arbeitslosenraten führen. Zudem zahlen die mittelständischen Unternehmen weit über die Hälfte aller Steuern und Abgaben, wogegen die Großkonzerne Millionen an Subventionen einstreichen und jedes nur denkbare Steuerschlupfloch nutzen. Ein gigantischer Verlust für den Staat an Steuereinnahmen. Zudem ist eins der primären Ziele der Großkonzerne, Arbeitsplätze abzubauen statt neue zu schaffen. Und sollte auch dies noch nicht genügen, so ziehen sie ihre Betriebsstätte ab und verlegen sie ins Ausland und zwar dort, wo sie quasi dann fast steuerfrei sind. Da sie kaum noch - oder gar keine - Steuern mehr zahlen, können sie satte Gewinne einstreichen, wogegen der Mittelstand steuerlich gemelkt wird und deswegen noch nicht einmal mehr in ausreichendem Maße Eigenkapital bilden kann zu seiner Standortsicherung (vom Gewinn ganz mal zu schweigen). Der einfache Bürger wird dazu noch mit immer mehr Steuerlasten geradezu erwürgt, um die durch die Global-Player verursachten Steuerverluste wieder auszugleichen. Aber da der Staat zusätzlich noch Schulden macht und die Bürger alleine die ausgefallenen Steuern der Großkonzerne nicht mittragen können (und dazu noch die Zinszahlungen für die Staatsverschuldung), gerät der Staat immer mehr ins Schuldenchaos, bis er letztendlich völlig Pleite ist. Und wenn der Staat zahlungsunfähig ist, verlieren die Bürger in der Regel ihr Geld und das Vertrauen in einen rechtsstaatlichen demokratischen Staat. Ein guter Nährboden für einen neuen hereinbrechenden Faschismus.

    Diese globale Weltpolitik, die sich in fast jedem Land abspielt und sich überall ähnelt (vielleicht mal von Kuba wegen seiner Isolation abgesehen), ist ein gigantisches Arbeitsplatzvernichtungsprogramm, dass weltweit immer stärker zur Massenarbeitslosigkeit führt und damit in einer sozialen Katastrophe enden wird, die von Not und Elend geprägt ist. Angefangen in der 3. Welt, bis hin zur modernen Industrienation. Der Rückfall gar ins kapitalistische *Mittelalter* ist vorgezeichnet und die Demokratien aller Nationen sind somit in erheblicher Gefahr. Damit wird auch eine Radikalisierung der Gesellschaft in Kauf genommen sowie der Verfall ethischer und moralischer Grundwerte. Aber auch schwere Unruhen, die ein nicht mehr beherrschbares Chaos noch nie da gewesenen Ausmaßes zur Folge haben, werden möglich sein. Dies wird die Politiker dazu ermuntern, in ihrem Land Notstandsgesetze zu verabschieden und die Demokratie außer Kraft zu setzen. Ein für manchen Politiker nicht unerwünschter Zustand.

Viele Millionen Arbeitslose dürften in Zukunft von den Weltwirtschaftskonzernen und den Wissenschaftlern im globalen Monopoly sogar gewünscht sein, denn dadurch gibt es für sie ein hohes abrufbares Potential an billigen Arbeitskräften, die sie mit Hilfe der Wissenspille schnell in die verschiedensten Arbeitsbereiche und Projekte eingliedern können. Notstandsgesetze können dafür sorgen, dass sie auch gegen ihren Willen eingegliedert werden und sie als Versuchsobjekte zur Verfügung stehen. Wer nun sagt, so etwas würden Wissenschaftler und Wirtschaftskonzerne nicht tun, sollte mal einen Blick in unsere deutsche Vergangenheit werfen. Wer glaubt, dass mit Adolf Hitler und seinen Schergen war damals nur mal so eine Epoche, der könnte sich getäuscht sehen, denn solche Epochen gab es in der Menschheitsgeschichte immer wieder, und ebenso viele fürchterlich grausame Barbareien, denn solche bestehen auch immer aus sozialen Zu- und Umständen, die sich wiederholen können, wie man auch am Balkankrieg der letzten Jahre abermals sehen konnte. Aber auch die Zunahme an Neonazis in Deutschland ist ein eindeutiges Zeichen hierfür. Und wer glaubt, die Menschen seien besser geworden, als es beispielsweise die Deutschen anno 1933 bis 1945 waren, der sollte wissen, dass es seit dem letzten Weltkrieg weit mehr Kriegsherde in der Geschichte der Menschheit gegeben hat als je zuvor, mit noch mehr Toten als der letzte Weltkrieg zu verzeichnen hatte. Und täglich sterben heute noch viele Tausende Menschen in militärischen Auseinandersetzungen und Bürgerrevolten (selbst in Europa). Dass hierüber nicht immer berichtet wird, dürfte wohl mit einer Kriegsmüdigkeit der Medien zusammenhängen, hat aber auch damit zu tun, dass nur noch darüber berichtet wird, was gerade „*in*" ist. Aber bessere Menschen geworden, als die Menschen in früheren Jahrzehnten oder Jahrhunderten, sind die Jetztmenschen, auch bei aller modernster Technologie und Fortschritt, nicht. In naher Zukunft wird es sogar so sein, dass nur derjenige noch eine (halbwegs lebenswerte) Überlebenschance hat, der im Fortschrittswahn mitmacht. Und wer da mitkommen will, muß zwangsläufig die Wissenspille nehmen. Firmen könnten diese Bereitschaft auch zu einem Einstellungskriterium machen.

Extreme sind aber selten gut, das gilt für die Politik ebenso wie für die Marktwirtschaft. Extrem linke oder extrem rechte Gruppierungen (Parteien) sind im Staat für die Bevölkerung ebenso eine Gefährdung, wie es auch extreme Super-Konzerne in der Marktwirtschaft sind. Nur eine vernünftige Mittelstandspolitik, die die mittelständigen Unternehmen fördert, wird die Macht der Konzerne begrenzen und deren Auswüchse vermeiden können. Der Mittelstand schafft dagegen neue Arbeitsplätze, die auch von ihm finanziert werden. Die Macht der multinationalen Konzerne, die einen großen Teil der Weltwirtschaft ausmachen und in Zukunft noch stärker werden, ohne dass deren Führungskräfte sich vor irgendeinem Parlament oder vor der Bevölkerung verantworten müssten, bestimmen dagegen die globale Weltpolitik mit, da nicht nur das Wohl einiger Mitarbeiter von ihnen abhängt, sondern unter Umständen das sogar ganzer Nationen. Während der Mensch (der Bürger) ohnmächtig einem rasanten Fortschritt gegenüber steht, diesem auch kaum folgen kann und will, liegt den Super-Konzernen, also den weltweit operierenden Unternehmen, viel daran, immer schneller neue verkaufbare Produkte auf den Markt zu werfen, damit ihr Firmenkapital genauso schnell steigt, wie die Anzahl neuer Erzeugnisse. Diese Global-Player (insbesondere die Großbanken) akkumulieren das Volksvermögen, während zunehmend die Bevölkerung in gleichem Maße an Kapital verliert. Während im letzten und vorletzten Jahrhundert Anarchisten und Marxisten das Eigentum abschaffen wollten, wird es in Zukunft wahrlich so sein, dass die meisten Menschen kein Eigentum mehr haben werden, weil alles Eigentum, jeder Grundbesitz, in den Händen weniger Weltwirtschaftskonzerne und Multi-Milliardäre liegen wird. Zudem werden die meisten Bürger sich verschulden müssen (noch mehr als sie es jetzt schon tun), um noch ein akzeptables Leben führen zu können, was sie von ihren Geldgebern, den Global-Playern (primär von den Banken), noch abhängiger machen wird. Als Schuldner verlieren die Menschen noch mehr bürgerliche Rechte und ihre Chancen, sich gegen die Macht der Großkonzerne und ihrer willfährigen Politiker auflehnen zu können, sinkt letztendlich auf null. Denn mit dem vielen Geld vermögen es die Großkonzerne, sich alle notwendigen Machtinstrumente zu leisten, um die Menschen erfolgreich unterdrücken und beeinflussen zu können. Sie sind imstande Politiker und Behörden zu korrumpieren und haben die mediale Welt, die sie aufgekauft haben und welche sie bezahlen alleine in ihrer Hand und selbst auch noch - durch den Umweg der Politik - die Staatsmacht und den Polizeiapparat (siehe Italien mit dem neuen Staatschef Silvio Berlusconi, der einen Großteil der Medien in seinem privaten Besitz hält und auch politische Macht hat). Dem wird sich niemand mehr zu entziehen wissen. Der totalitäre Staat, nach George Orwell`s Roman „1984" (1949 veröffentlicht), wird somit immer wahrscheinlicher werden, wenn die Tendenzen, die dahin führen, von den Menschen nicht rechtzeitig erkannt werden und sie nicht versuchen, den Weg, der dorthin führt, zu unterbinden.

Die Bevölkerungsexplosion wird dabei helfen, den totalitären Staat zu schaffen, da der Einzelne und sein Wort nicht mehr ins Gewicht fallen. So wird jeder kritische Visionär ein *Mahner in der Wüste.*

Früher, als die Welt noch Dorfcharakter hatte, waren die Gemeinschaften enger geknüpft und das Wort des Einzelnen hatte eine größere Bedeutung. Die starke Zunahme der Bevölkerung ändert aber nicht nur den „*Wert*" des Wortes eines Einzelnen in der Bevölkerungsmasse, sondern auch den „*Wert*" des Einzelnen selbst. Selbst der Wert des Ökosystems Erde ist gesunken, denn sie ist nur noch wert ausgeplündert zu werden, aber nichts mehr wert, um sie aufrecht zu erhalten und zu pflegen. So wird der Naturschutz zu einem unbezahlbaren Kostenfaktor. Die Bevölkerungsexplosion bedroht damit also auch auf diese Art und Weise das Ökosystem Erde. Dabei gibt es den Menschen noch gar nicht so lange.

Den Homo sapiens, also den Menschen unserer „*Bauart*", gibt es erst seit 100.000 Jahren. Aber beginnend in den letzten Jahrzehnten hat er sich so rasant vermehrt. Vor schätzungsweise 100 Jahren dürften es 1 Milliarde Menschen gewesen sein, die auf der Erde lebten. Jetzt, gerade einmal 100 Jahre später, sind es bereits über 6 Milliarden Menschen. Und es bedarf keiner weiteren 100

Jahre mehr für weitere 5 bis 6 Milliarden Menschen, sondern nur noch wenige Jahrzehnte. Die Biosphäre der Erde ist hierfür aber zu klein. Immerhin hat die Weltbevölkerung zu über 99 Prozent in ihrer Menschheitsgeschichte nicht mehr als zehn Millionen Menschen betragen. Erst in dem letzten 1 Prozent ihrer Geschichte ist sie so explosionsartig angewachsen, wobei dieser Vorgang noch nicht abgeschlossen ist, sondern wir sind noch mittendrin.

Man kann sich das auch so vorstellen, dass jeder Familienhaushalt in den nächsten Jahren 20 Personen mehr aufnehmen und versorgen muß. Wer würde das schon wollen und hätte soviel Platz zur Verfügung? Und wer könnte das zudem finanziell verkraften?

Die Bevölkerungsexplosion auf der Erde, derzeit jährlich 80 Millionen Menschen mehr (Tendenz ansteigend), wird eines Tages zum Kampf um Ressourcen führen, wenn wir es nicht schaffen, diesen Trend umzukehren. Auch wenn uns dann die Politiker wieder erzählen sollten, dann wären unsere Renten in Gefahr. Wenn sie in Gefahr sind, dann nur durch unsere Politiker und ihre verfehlte Wirtschaftspolitik.

80 Millionen Menschen sind auch so viele, wie die Bundesrepublik Deutschland etwa an Bürger hat. Wenn der jährliche Bevölkerungszuwachs also 80 Millionen Menschen beträgt, erreicht das die Zahl der Einwohner unseres Landes. Also jedes Jahr quasi eine Bevölkerung Deutschlands mehr.

80 Millionen Menschen mehr jährlich auf der Erde, bedeutet auch, dass es für uns, für jeden Einzelnen auf der Erde enger wird. Grundstückspreise werden steigen. Die Mieten steigen damit auch, und für viele werden sie nicht mehr finanzierbar sein. Ackerland oder Waldgebiete müssen dem Bagger weichen, um Wohngebiete für Menschen zu schaffen. Weniger Ackerland bedeutet aber auch, dass auf dem verbliebenen Ackerland mehr an Nahrungsmitteln geerntet werden muß, um die höhere Anzahl an hungrigen Mägen füllen zu können.

Bei 80 Millionen Menschen mehr jährlich, braucht man aber im Grunde genauso viele Millionen Hektar neues fruchtbares Ackerland, um Lebensmittel erzeugen zu können. Jedoch lässt die Erde sich nicht wie ein Luftballon aufblasen, um so mehr Land zum Beackern zu bekommen. Dramatischerweise passiert ja genau das Gegenteil, dass jährlich viele Millionen Hektar Ackerland der zunehmenden Bevölkerung zum Opfer fallen, da diese das Land für sich beanspruchen.

Mit Hilfe der Wissenspille wird es den Wissenschaftlern zwar möglich sein, besseren Dünger herzustellen, so dass die Ernteerträge schon bald höher ausfallen können oder wie bereits mit dem Reis geschehen, wird er gentechnisch behandelt, damit er noch viel mehr Ertrag abwirft. Auch könnten sie synthetische Lebensmittel industriell herstellen lassen, mit tollen Geschmacksvarianten, so dass wirklich kein Mensch mehr Hunger leiden muß auf dieser Welt. Aber was wird das für ein Leben sein, wo die Menschen nur noch gentechnisch veränderte oder gänzlich synthetische Lebensmittel als Nahrung bekommen? Kein frisches Gemüse, kein genfreies Getreide, keinen frischen Fisch und kein unbelastetes Fleisch mehr auf den Tisch? Ist so das Leben in Zukunft noch lebenswert? Oder sind etwa künstliche Lebensmittel gesünder als frische Speisen von Mutter Natur? Vielleicht schaffen die Wissenschaftler es ja, mit besonders wertvollen synthetischen Speisen uns vor Krankheiten und schneller Alterung zu schützen. Ob wir dann noch Fleisch essen wollen? Fleisch ist Mord, sagt man bereits heute, und zudem ist Fleisch voller Krankheitserreger (Schweinepest, BSE, Larven, etc.). Lebensmittelskandale hatten wir bereits in allen Bereichen der Nahrung gehabt. Das gilt für den Fisch ebenso wie für das Geflügel, selbst der hochgelobte Naturhonig ist nicht mehr als unbedenklich einzustufen. Aber auch die pflanzliche Nahrung ist durch die Genbehandlung und anderen haltbarmachenden chemischen Zutaten ins Gerede gekommen. Dass was an frischem Gemüse bei uns auf den Tisch kommt, ist oftmals genauso bedenklich wie fauler Fisch. Tatsache ist aber auch, dass immer mehr Menschen älter werden und nicht vorzeitig an einer Lebensmittelvergiftung sterben. Offenbar ist des Menschen Magen bereits zum Allesfresser mutiert.

80 Millionen Menschen mehr jährlich bedeutet auch, dass mehr Gold und Edelsteine aus den Fundgruben abgebaut werden müssen. Denn es ist ja eine besondere Eigenschaft der Menschen (aufgrund einer natürlichen Eitelkeit), dass sie sich selbst schmücken – mit Edelmetall und Edelsteinen. Nicht nur die reichen Menschen schmücken sich, selbst die Ärmsten unter den Armen haben ihren eigenen Schmuck. Das bedeutet, dass auch dieser Vorrat an Gold und Edelsteinen irgendwann einmal erschöpft ist. Da aber der Edelschmuck ein besonderes gutes Geschäft ist, werden die Wissenschaftler neue Stoffe schaffen, die Edelmetallen und Edelsteinen ebenbürtig sein werden oder sie sogar übertreffen.

Bereits heute gibt es schon synthetische Edelsteine. In Zukunft werden sie mehr gefragt sein. Was des einen Freud ist, ist des anderen Leid. Auch wenn natürliche Edelmetalle und Edelsteine immer seltener werden, so steigen ihre Preise vielleicht dennoch nicht, da sie nicht mehr so dringend gebraucht werden. Das hätte auch Folgen in vielen wirtschaftlichen und politischen Bereichen. Man denke nur mal daran, dass die Geldreserven der Staaten in Gold aufbewahrt sind. Wenn der Wert des Goldes eines Tages fällt, sind diese Geld- bzw. Goldreserven vielleicht nicht mehr so viel wert wie jetzt.

Auch wenn wir in Deutschland noch nicht diese Überbevölkerung spüren, weil die Deutschen sich vorbildlicherweise (wenngleich auch nicht bewusst oder gewollt) verringert haben, statt sich überdurchschnittlich zu vermehren, sieht es in anderen Ländern ganz anders und viel dramatischer aus, dort explodieren geradezu die Bevölkerungszahlen. Diese Menschen, wegen der Überbevölkerung eigentlich dazu verdammt, an der Existenzgrenze in Armut und Hungersnot zu leben, wollen aber auch ein humanes, qualitätsvolles und glückliches Leben führen, so wie es die meisten Europäer auch tun. Sie werden eines Tages verlangen, dass Europa seine Schranken öffnet und Milliarden Menschen einlässt, wovon sicher weit über 100 Millionen Menschen nach Deutschland kommen wollen, was die Deutschen (bis dahin vielleicht schon weiter reduziert von 80 Millionen auf denkbare 50 Millionen deutsche Einwohner) zu einer Minderheit im „*eigenen*" Land machen wird. Innerhalb kürzester Zeit werden die sozialen Geldreserven verbraucht sein, weswegen es bei Arbeitsverlust keine staatliche (finanzielle) Hilfe mehr geben wird, also weder Arbeitslosengeld noch Sozialhilfe. Und im Überlebenskampf wird deshalb jeder seine Arbeitskraft so günstig anbieten, dass alle (sozialen) Strukturen einbrechen und selbst diejenigen, die noch einen guten Verdienst bis dahin hatten, werden ihren Platz für preisgünstigere Arbeitskräfte räumen müssen. Da nutzt es dann auch dem Einzelnen nichts, auf seine lange Berufserfahrung hinzuweisen und mit seinem Know-How zu prahlen, welches für die Firma verloren gehen könnte. Mit Hilfe der Wissenspille wird sich jeder schnell neu einarbeiten können. Aber gerade das werden die Arbeitgeber als ein Druckmittel für ein weitgehendes Lohndumping einsetzen. Jeder kann, ob gelernt oder ungelernt, mit Hilfe der Wissenspille, fast jeden Job übernehmen. Das wird so weit gehen, bis Deutschland zu einem Billiglohnland geworden ist, in dem Not und Elend herrscht. Ohne gesetzliche Regelungen und ohne starke Gewerkschaften (der Zusammenschluss kleiner Gewerkschaften in Deutschland zum Gewerkschaftsverband „*ver.di*", kann man deshalb als einen Schritt in die richtige Richtung ansehen) würde dies zu einer nicht mehr aufzuhaltenden Fahrt ins Ungewisse. Wer diesen Weg zulässt, und nicht bereits heute schon versucht, diesen sich abzeichnenden Trend zu stoppen, der kann dann quasi prinzipiell sein eigenes Haus auch gleich anzünden. Denn sollte es soweit kommen, wird er später sowieso keins mehr haben, was ja in etwa denselben Effekt hätte. Aus humanethischen Gründen wird nämlich eines Tages die EU (Europäische Union) die Tore weit öffnen müssen, viel weiter als sie es bisher schon getan hat, um einen globalen Krieg mit dieser Maßnahme vermeiden zu können. Denn der Druck von 10, 15, oder vielleicht gar 20 Milliarden Menschen wird dazu führen, dass kein Land sich mehr isolieren kann. Und sollte es nicht möglich sein, dass allen Menschen ausreichend Ernährung, Kleidung und Unterkunft geboten werden kann, dann werden sie es sich dort holen wollen, wo sie es zweifelsfrei vermuten – in Europa. Aus diesem Grunde heraus, als Prävention ersten Ranges, muß das europäische Parlament mehrere Milliarden Euro in den nächsten Jahren bewilligen, und auch schnellstmöglich zur Verfügung stellen, für kostenlose Verhütungsmittel (für Frau und Mann), die weltweit vergeben werden, sowie für globale Kampagnen, die eine 1-Kind-Familie befürworten, insbesondere in der 3. Welt wo die Bevölkerungsexplosion am gravierendsten ist. Das Geld hierfür ist da. Dieses Geld haben die Europäer und sie haben damit eine Chance, einen überaus positiven Beitrag für den Erhalt der Menschheit und des Ökosystems Erde zu leisten. Das dürfte wohl überhaupt eines der wichtigsten und humansten Beiträge sein, wenn man die Verdoppelung der Menschheit innerhalb weniger Jahre stoppen will. Aber es muß nicht alleine eine Angelegenheit eines europäischen Parlaments sein, es dürfen durchaus nationale Staaten hier Alleingänge unternehmen oder auch private Organisationen. Wer in dieser Richtung etwas unternehmen will und unternehmen kann, sollte es tun – und er sollte es möglichst bald tun, denn jetzt schon erblicken täglich 220.000 neue Erdenbürger das Licht der Welt – und auch diese Zahl steigt. Jeden Tag eine neue Stadt! Unternimmt man hier aber nichts, werden die Kosten der bevorstehenden Einwanderungswelle ein Vielfaches der aufzuwendenden Vorsorgekosten betragen, welche einen Bevölkerungszuwachs stoppen würde. Eine weltweite Überbevölkerung mit vielleicht 20 Milliarden Menschen wird auch eines Tages das relativ reiche Europa zu einem Armenhaus werden lassen. Und es wird ein großes Elend sein mit lebensunwürdigen Zuständen und unerträglichem Leid. Noch krasser gesagt, wenn die Verantwortlichen nicht baldmöglichst in der Bevölkerungspolitik eine Wende einleiten, dann sind sie mit Schuld an Millionen vor Hunger sterbenden Menschen, die wir in den nächsten Jahrzehnten auf der Erde zu beklagen haben. Es sterben bereits jetzt schon jedes Jahr mehrere Millionen Menschen (insbesondere Kinder) an Unterernährung. Es also (unbeteiligt und ungerührt) bei dieser Bevölkerungsexplosion zu belassen, ist ein Verbrechen an der Menschheit.

Wir müssen daher die Bevölkerungsexplosion stoppen, auch wenn wir in Deutschland diese Bevölkerungsexplosion jetzt noch nicht so eindringlich bemerkt haben, da hier schon nachahmenswert der Trend zu weniger Nachwuchs vonstatten gegangen ist (aber durch ein zu hohes Maß an Einwanderung wieder ausgeglichen wurde, mit dem Nebeneffekt, dass dies den Neo-Nazis weiteren Zulauf brachte) und zwar global auf friedliche Art und Weise - durch Familienplanung. Ein oder zwei Kinder sollten pro Familie reichen. Empfängnisverhütungsmittel sollten daher kostenlos in jedem Land zu bekommen sein. Aber man sollte nicht unbedingt, wie beispielsweise in China, mittels restriktiver staatlicher Gewalt auf die Menschen einwirken, dass sie keine Großfamilien mehr zeugen, vielmehr sollte durch Aufklärung jedem Bürger bewusst gemacht werden, welche Verantwortung er trägt und welche Bürde er seinen Kindern auferlegt, wenn sie ungewollt mitverantwortlich für die Bevölkerungsexplosion sind und der sich daraus ergebenden Folgen, auch für die eigenen Kinder, welche dann ein kärgliches Leben ertragen müssten.

Bisher wollten die meisten Regierungen den Bevölkerungszuwachs nicht eindämmen, da er ihnen ein Garant für (Wirtschafts-)Wachstum gewesen ist und der Motor zur weiteren Industrialisierung ihres Landes. Dennoch muß man jetzt den Maßstab, an dem sich ein jedes Land messen lassen soll, dort anlegen, wo sie nicht mehr primär das Bruttosozialprodukt vermehren wollen, sondern inwiefern in ihrem Land der Bevölkerungszuwachs gestoppt und eventuell umgekehrt werden konnte, auf ein günstiges Niveau für Natur und Umwelt.

Weil die Menschen immer älter werden können, 100 Jahre und noch mehr, wird es bei einer zunehmenden Überbevölkerung auch so sein, dass der Druck der jungen Generation auf die nun für sie störenden Alten immer größer werden wird, und sie Forderungen stellen werden, nämlich ihren Platz für die Jugend zu räumen und sich ein gemütliches Plätzchen im Jenseits zu suchen. Das wird vor allem die kranken Menschen unter ihnen betreffen. Ältere Menschen, die noch sehr vital sind und der Allgemeinheit gute Dienste leisten können, werden daher nicht so direkt betroffen sein. Aber wer es nicht ist, der wird aus der Gemeinschaft ausgestoßen werden und hat kaum Überlebenschancen. Man kann dann sagen, eine Gesellschaft, die überleben will, wird zuerst das Kranke in sich abstoßen und danach das Überflüssige. Und vom Überflüssigen zuerst das Schwache, das, was sich nicht wehren kann. Dieses ist die Unbarmherzigkeit der Selektion, sie kennt kein Mitleid. Und auch keine Menschlichkeit.

Wenn Familien, zum großen Teil in der Bevölkerung, nur noch ein oder zwei Kinder haben, wird die Bevölkerungszahl langsam zurückgehen. Aber Verhütungsmittel alleine herauszugeben ist kein Allheilmittel und darf keinesfalls der einzige Beitrag sein. Die Bevölkerungszahl in Deutschland beispielsweise ist nicht gesunken aus Armut der Menschen heraus, sondern gegenteilig wegen ihres Reichtums. Dadurch hat sich der Egoismus stärker ausgebildet, da man nun genug Geld hatte, sich erst einmal seine eigenen Wünsche erfüllen zu können. Der Egoismus gab den Menschen die Kraft, dem konservativ gesellschaftlichen Druck stand zu halten, nämlich bereits in jungen Jahren eine Familie gründen zu sollen und solide für die Familie zu leben, ja vor allem auch für die Kinder (was ja durchaus richtig ist) - und insbesondere fleißig arbeiten zu gehen. Fleißig arbeiten tun die Deutschen auch, heute wie gestern, aber die meisten jungen Menschen ziehen es heutzutage vor, statt Familie erst einmal Spaß zu haben und Partys zu feiern. Man will erst einmal etwas vom Leben haben, bevor man eine Familie gründet und sich dafür dann von „*Action and Fun*" verabschiedet und zurückzieht. Und diese Einstellung ist auch gar nicht so falsch.

So muß auch in den Entwicklungsländern die Armut bekämpft werden, denn „*Armut gebiert Kinder*" - und amüsieren tut sich in diesen Ländern, wo sie um das Überleben kämpfen müssen, sicher schon lange keiner mehr. Das bedeutet, man muß der Jugend

Perspektiven bieten und ihnen Gelegenheit geben, erst einmal ihr Leben ein wenig genießen zu können. Natürlich braucht man dafür Geld. Wenn man den Entwicklungsländern ihre Schulden erlassen würde (oder zumindest einen großen Teil hiervon), dass sie sie nicht mehr zurückzahlen müssen und damit auch keine Zinsen mehr zu tilgen bräuchten, wäre ihnen schon sehr geholfen. Man sollte das aber auf jeden Fall mit Auflagen verknüpfen, damit die Gelder auch denen zugute kommen, die sie brauchen – der Bevölkerung. Ansonsten verschwindet wieder viel Geld in den Taschen weniger Leute und das Problem hat sich eher verschärft als vermindert. Die Macht der Politiker verführt nämlich hin und wieder dazu, das Geld auf eigene private Konten zu überweisen. Wie beispielsweise in Serbien, wo der ehemalige Diktator Slobodan Milosevic vermutlich über 100 Millionen Dollar auf ausländische Konten, die er in seinem Privatbesitz hält, eingezahlt hat. Geld, was der serbischen Bevölkerung gehört. Wenn die Gläubiger aber nicht auf die Rückzahlung der Schulden verzichten wollen, beispielsweise um kein falsches Signal zu setzen, könnten sie als humanitäre Hilfe auch einen Teil der Rückzahlungssumme (oder den gesamten Betrag) dazu verwenden, das Land sozial aufzubauen, statt sich nur weiter zu bereichern.

Es ist derzeit ja schon so, dass ca. 500 Milliardäre so reich sind (mehrere Billionen Dollar), wie schätzungsweise ein Drittel der heute lebenden Erdbevölkerung, also so reich wie 2 Milliarden Menschen. Dazu kommen noch die vielen Millionäre und Multimillionäre, die in den letzten Jahren auch wesentlich mehr geworden sind, was bedeutet, dass auch sie das Kapital der Restbevölkerung akkumuliert haben. Auch sie haben so viel Vermögen angehäuft, wie etwa die 500 Milliardäre, also ein weiteres Drittel des gesamten verfügbaren Weltkapitals. Für den Rest der ca. 6 Milliarden Menschen stehen demzufolge nur noch ein letztes Drittel des gesamten Weltkapitals zur Verfügung. Und mit der Zunahme an Millionären, Multimillionären und Milliardären, ein Trend, der noch immer anhält, wird der Großteil der Erdbevölkerung im gleichen Maße immer ärmer. Aus diesem Grunde lebt eine Mehrheit der Erdbevölkerung in Armut. Wenn Kinder in dieser Welt verhungern, dann tragen die Reichen und Super-Reichen eine moralische Mitschuld daran, insbesondere dann, wenn sie ihr Kapital nicht dazu nutzen, Hungersnot und Elend in der Welt zu lindern. Es gilt heute immer noch: *„Eigentum verpflichtet"* - und Reichtum damit umso mehr. Tatsache aber ist, dass sich nicht viele daran halten und der Abstand zwischen Arm und Reich immer größer wird. Das liegt auch daran, dass das Kapital dort hingeht, wo Kapital ist. Es zieht sich wie ein Magnet an. Aber das ist kein Naturgesetz, sondern Folge der Wirtschaftspolitik aller Länder, die nicht konsequent auf eine starke Mittelstandspolitik setzen, sondern lieber auf den imperialen Großkapitalismus der Mega-Konzerne.

Es ist ein Irrtum zu glauben, nur die Großindustrie verspricht Arbeitsplätze und damit auch Wirtschaftswachstum und Wohlstand. Genau das Gegenteilige ist global gesehen der Fall. Die Großindustrie ist eine Jobkillermaschine sowie ein Kapitalfresser und das Wirtschaftswachstum spielt sich hauptsächlich bei ihren Aktionären ab. Großkonzerne sind die Monokulturen der Weltwirtschaft und wie alle anderen Monokulturen auch, sind sie sehr anfällig gegen äußere Einflüsse. Eine Gesellschaft, die sich auf Monokulturen verlässt, ist daher eine gefährdete Gesellschaft. Artenvielfalt lässt das Leben erblühen, wie man eindeutig in der Natur erkennen kann. Mittelstandswirtschaftssysteme bauen auf Artenvielfalt auf. Das Kapital wird besser verteilt und das System reguliert sich (bei widrigen Einflüssen) vor Ort selbst, aber ohne das ganze System dabei zu gefährden. Wenn behauptet wird, Großkonzerne sind notwendig, um teure Projekte realisieren zu können, so ist das eine Unwahrheit. In einem kooperativen Wirtschaftssystem, welches nach dem Motto handelt: „*leben und leben lassen*" (statt einzig darauf fixiert zu sein, die Renditen der Aktionäre zu erhöhen), wird man kleinere Wirtschaftsbetriebe durchaus zusammenbringen können, um gemeinsam größere Projekte zu bewältigen. Große Konzerne aber neigen dazu, kleinere Betriebe zu zerstören, um sie vom Markt zu drängen. Dies kann auch nicht im Sinne des Verbrauchers sein. Wenn uns hier anderes erzählt wird, dann nur auf Druck der Großkonzerne hin - auf die Politik und auf die Medien.

Natürlich ist die Mittelstandspolitik, wie ich sie hier befürworte, kein Allheilmittel und auch nicht das Tor zum Paradies, es wird aber die Auswüchse mildern und abschwächen, die das industrielle Zeitalter mit sich gebracht hat und die das biogenetische Zeitalter mit sich bringen wird (welches noch vor uns liegt) und damit eine sanfte Entwicklung der „*zivilisierten*" Welt zulassen. Es scheint aber zur Zeit sehr idealistisch zu sein zu glauben, man könne die ganze Weltbevölkerung kurzfristig auf diesen Kurs bringen. Und genau hier liegt die Schwierigkeit, den bisherigen Trend (der auf eine Verwüstung und Vernichtung unseres Planeten hinausläuft) zu stoppen. Es muß ja nicht nur die Bevölkerung überzeugt werden, dass dies der bessere Weg in die Zukunft ist, sondern es müssen ebenso hervorragende und schon einflussreiche Politiker davon überzeugt werden, dass es lohnt, sich hierfür einzusetzen. Und auch die Mittelständler, die ja einen großen Teil der Bevölkerung ausmachen, müssen mithelfen, ein Mittelstandswirtschaftssystem durchzusetzen. Das bedeutet, dass sie keine extrem ideologische Politik mehr betreiben, also weder extrem links (marxistisch) noch extrem rechts (nationalsozialistisch) oder irgendeinen Mischmasch aus allem (wie die meisten Parteien), sondern dass sie eine Politik für die Menschen machen, und zwar für die Mehrzahl der Bevölkerung. Das bedeutet konsequenterweise eine bürgerliche Mittelstandspolitik, mit dem notwendigen Touch einer grünen ökologischen Ausrichtung.

Wir brauchen eine Mittelstandspolitik auch, um einer wild entfesselten Wissenschaft Herr werden zu können. Verhindert werden soll die Wissenschaft natürlich nicht, aber sie soll im Einklang mit den Menschen und mit der Natur stehen und sich sinnvoll und kreativ entfalten können.

Eine Wissenschaft, die sich wie ein Krebsgeschwür verhält (wobei sich Zellen ungehindert und explosionsartig vermehren und dabei gutes lebenswichtiges Gewebe zerstören), wird den gesamten Körper - und damit zum Schluß sich selbst - töten. Eine Politik, die Fusionen von Großkonzernen fördert und feiert (man beachte hier besonders die Wirtschaftsnachrichten, wie positiv sie doch immer Fusionen darstellen und damit die Meinungen der Bürger beeinflussen wollen zu diesem Thema), entwickelt wirtschaftliche Krebsgeschwulste in unserer Gesellschaft. Und aus diesen Geschwulsten heraus, weil sie die Basis dieser Wirtschaftsgiganten braucht, entwickelt sich auch eine ebensolche krebsartige Wissenschaft, die es nicht zum Ziel haben kann, unsere Menschheit in eine beneidenswerte Zukunft zu führen und die nächsten Generationen menschlich überleben zu lassen, sondern sie bringt Unheil für Mensch und Umwelt. Unternehmensfusionen sollten wir auch nicht als einen Sieg des kapitalistischen Marktes feiern, sondern jeweils als einen weiteren Verlust einer artenreichen Wirtschaftskultur, welches immer mehr zu einem Monosystem wird. Und in diesem Monosystem ist nur eine die dem System dienende

Wissenschaft gefragt, die das System aber nicht den Menschen in ihrem ethischen Visier hat. Menschen, das haben wir doch inzwischen alle festgestellt, sind für die heutige Wissenschaft meist nur noch Experimentiermasse im Felde der Forschung. Das einzige, was sie davon abhält Menschen als Versuchsobjekte in größerem Umfang einzusetzen, sind Gesetze, die dies bisher untersagen. Die Wissenschaftler werden aber keinen Augenblick zögern Menschen einzusetzen, wenn die Gesetzeslage es zulässt. Sie drängen sogar die Politiker, den Weg hierfür zu ebnen.

„Ohne Forschungsfreiheit keinen Fortschritt!" behaupten sie. Damit erschaffen sie sich trickreicherweise ein schützendes Tabu und haben damit ein Druck- und Machtinstrument in der Hand, welches es ihnen nicht nur erlaubt, anderen den Einblick in ihr wissenschaftliches Handeln zu verwehren, sondern sich auch dadurch berufen fühlen, Ethik und Menschenrechte außer Acht lassen zu dürfen. Wissenschaftler wollen keine Kontrolle und keine Bevormundung. Man muß aber die Wissenschaftler nicht isoliert in der Menschenmasse betrachten, die irgendwo abgehoben über den Rest der Menschheit stehen und damit mehr Privilegien haben als andere Menschen, sondern wir müssen sie endlich wieder dahin befördern, wo sie hingehören, nämlich in die Allgemeinheit der Menschheit. Darum muß auch ein Umdenken stattfinden, welches es durchaus erlauben wird die Wissenschaft beobachten und kontrollieren zu dürfen, zum Wohle der Allgemeinheit. Eine Möglichkeit hierzu wäre, eine Kontrollinstanz einzuführen, die von Naturschützern sowie Kinder- und Menschenrechtlern ausgefüllt wird, wobei dieses neu erschaffene Staatsorgan von Amts wegen auch die Möglichkeit und Macht hat, Forschung unterbinden zu können. Dass ist das, was wir Menschen brauchen, damit sich die Wissenschaft nicht mehr gegen uns richtet. Also keine Atomwaffen mehr von Physikern, keine Chemiewaffen mehr von Chemikern, keine biologischen Waffen mehr von Biologen, kein Töten von Embryonen mehr durch Mediziner - und so weiter. Die Liste lässt sich elenlang fortführen. Die Wissenschaft artet ja schon seit langem zu einem die Menschheit gefährdenden Wahnsinn aus. Eine Idiotie, welche dem Steuerzahler zudem viele Milliarden Mark kostet. Geld, das man besser den hungernden Menschen geben sollte, damit sie überleben können.

Wenn man sich zudem vorstellt, dass 1 Billionen Dollar jährlich weltweit noch für Waffen und militärische Zwecke ausgegeben werden und nur ein Bruchteil für Umweltschutz und friedenserhaltene Maßnahmen, dann zeigt dies deutlich den Wahn aller regierenden Politiker weltweit, denen sie erlegen sind, um Ansehen, Macht und Geld. Oder gibt es ein Land, dass auf Militär verzichtet, um mit dem eingesparten Geld soziale Dienst für sein Volk zu leisten? Ich kenne keins. Und das Vernichtungspotential - welches sie aufbauen und aufrecht erhalten - zeigt, dass sie nicht die Verantwortung tragen wollen für den Hunger und das viele Elend in dieser Welt, das sich mit einem Teil dieses Geld abstellen ließe. Und gerade jüngst in letzter Zeit ist das globale Wettrüsten durch die USA wieder angeheizt worden, wobei gerade die USA sich doch immer international als Weltpolizei und Friedenstifter darstellten. Es gab sicher eine Reihe von Gründen, warum die USA am 03. Mai 2001 ihren Sitz im UN-Menschenrechtsausschuß verloren haben (nach 54 Jahren Mitgliedschaft). Die Mitglieder des Wirtschafts- und Sozialrats der Vereinten Nationen (ECOSOC) wählten die USA (als Strafaktion) hinaus.

Die Politik muß daher einen *Humanehrenkodex* aufstellen, der es verbietet, Geld für Waffen auszugeben, solange noch ein einziger Mensch hungert und wenn dann darf nur Geld für Waffen ausgegeben werden, die rein defensiv sind und nur einer Bedrohung von außen dienen. Eine solche Bedrohung von außen könnten beispielsweise Asteroiden oder Kometen sein. Derzeit haben die NASA-Wissenschaftler ca. 700 solcher Himmelsobjekte entdeckt, mit bis zu einem Kilometer Durchmesser, die der Erde eines Tages gefährlich nahe kommen werden. Sie stellen ein Gefahrenpotential für die Menschheit dar, dem in Zukunft nur mit modernster Weltraum- und Waffentechnik beigekommen werden kann.

Auch wenn ein *Humanehrenkodex* ein illusorischer Gedanke ist und wohl *eher ein Kamel durch ein Nadelöhr geht*, als dass die Politiker sich solch gute Vorsätze an die Brust heften werden, kann es dennoch nicht schaden, sie immer und immer wieder auf ihre Verantwortung der Gemeinschaft gegenüber hinzuweisen, auch über die eigenen Landesgrenzen hinweg und sie hieran festlegen zu lassen. Dies muß auch Aufgabe einer humanen Mittelstandspolitik sein.

Früher (beispielsweise im Mittelalter) war die Unterdrückung der Menschen sichtbar, sie war so augenscheinlich wie *„schwarz und weiß"*. Das war zu einer Zeit, als es noch Fürstentümer und Könige gab, da nahm man den Bauern vieles ab, auch in deutschen Landen, um die Schmuckschatullen der Herrschaften zu füllen. Reisende mussten an jeder Fürstengrenze Wegezoll zahlen. Den Menschen blieb traurigerweise nicht viel zum Leben übrig. Andere, wie der Sonnenkönig in Frankreich, konnten dagegen in Saus und Braus leben. Doch aus diesem Zeitalter sind wir ja *Gott sei Dank* heraus.

Heute zahlen wir dafür Mehrwertsteuer, Grunderwerbssteuer, Ökosteuer, Vergnügungssteuer, Luxussteuer, Hundesteuer, Autosteuer, Mautgebühren (unser heutiger Wegezoll) und so weiter. Die Daumenschrauben von einst sind den Steuergesetzen von heute gefolgt. Und in Zukunft könnte die Inflation an neuen Steuern noch viele weitere Blüten tragen. Wie wäre es mit einer Schuhsohlensteuer, da wir mit den Schuhen die Bürgersteige be- und abnutzen? Oder wie wäre es mit einer Sauerstoffsteuer? Da wir zum Atmen Sauerstoff verbrauchen, wozu die Fauna und Flora zukünftig mit viel Geld am Leben erhalten werden muß, da - aufgrund der globalen Umweltverschmutzung und Vernichtung der Wälder - sie dies nicht mehr alleine aus eigener Kraft schafft und uns damit keinen frischen Sauerstoff liefern kann, wird eine allgemeine Extrasteuer (so wie die Ökosteuer) den Bürgern auferlegt werden, um die Kosten zur Sauerstoffgewinnung zu finanzieren. Der Bewegungsspielraum wird so in Zukunft für die Menschen immer enger werden und aufgrund der Globalisierung wird es keinen Platz mehr geben, wohin man flüchten könnte, um sich davon zu befreien.

Während früher die Ausbeutung als räuberisch angesehen wurde, ist sie heute modernerweise legal und durch Gesetze gebilligt und dadurch moralisch aufgewertet. Das Ergebnis ist aber dasselbe. Eine Verfeinerung von Steuergesetzen wird den Bürgern als Steuerehrlichkeit, –gleichheit und –gerechtigkeit verkauft. In Wahrheit helfen sie *„Schwarz- und Weißtöne"* zu vermeiden, damit sich die Bürger nicht sonderlich beunruhigen oder gar hiergegen auflehnen. Man könnte den Bürgern auch gleich die Hälfte (oder mehr) ihres Einkommens wegnehmen, ohne unsinnige Steuerbezeichnungen zu verwenden, dann könnte man sich den ganzen bürokratischen Papierkram, namens *„Steuererklärung"* sparen. In diesem Punkt zumindest hatten es die früheren Generationen besser, die kannten den Formularkrieg noch nicht. Aber wem heute eine Steuererklärung auszufüllen zu kompliziert ist, den kann man jetzt schon beruhigen, denn in Zukunft wird es sicherlich die Steuererklärungswissenspille geben und jeder kann damit quasi zum

Steuerexperten aufsteigen. Und damit keiner den Staat anschummelt, haben die Wissenschaftler auch ihre neueste Kreation gleich mit hineingepackt – das *Ehrlichkeitsgen*, damit die Steuerklärung auch lückenlos wird. Da kann dann keiner mehr schummeln.

Die wichtigste Karte, die die Konzerne haben, um Druck auf Politiker, die Medien und die Bevölkerung ausüben zu können, ist mit Massenentlassungen zu drohen. Ganze Regionen, selbst Staaten, sind so erpressbar. Auch die Verlagerung von Betrieben in andere Länder gehört zu diesen Spielarten des imperialen Großkapitalismus. Mittelständische Unternehmen haben diese Wirtschaftsmacht nicht, dass sie ihr Kapital dafür einsetzen könnten, im großen Stil Staat und Gesellschaft zu nötigen. Das ist ein entscheidender Vorteil für die Bevölkerung, von daher ist es naheliegend, ein derartiges Wirtschaftsprinzip anderen vorzuziehen. Zudem heißt es im Volksmund ja auch, das Handwerk (und der Mittelstand allgemein) hat *„goldenen Boden"*. Und da ist sicher was wahres dran.

Wenn die Menschheit nicht binnen der nächsten 50 bis 100 Jahre in einer Katastrophe enden will, ein Zeitraum indem unsere Kinder und Enkel durchaus noch leben könnten, dann muß sie ganz schnell ein anderes Verständnis für Politik entwickeln und dieses Feld nicht mehr alleine Politikern überlassen, die die Politik als Selbstbedienungsladen betrachten. Die Politik und die Parteien müssen daher von Grund auf reformiert werden und zwar so, dass eine moralische Verpflichtung besteht, die Ausbeutung der Natur und der Menschen zu unterlassen.

Die Weltwirtschaft ist nämlich derzeit wie ein großer schwerer Tanker, der von gierigen skrupellosen Kapitänen durch die stürmische See gepeitscht wird, auf die Hoffnung hin, dass die Führungsmannschaft am Ziel Schätze in Empfang nehmen kann. Doch der Tanker hat die falsche Richtung eingeschlagen. Selbst wenn die Mannschaft (die Bevölkerung) nun meutert und eine Kursänderung erzwingen will, lässt sich der Kahn nur noch schwer wenden und stoppen, vielleicht ist es dazu auch schon zu spät. So wie es einst am 15. April 1912 mit dem Ozeandampfer *„Titanic"* ebenso geschah; er versank nach einer Kollisionskatastrophe mit einem Eisberg, weil der Kapitän nicht rechtzeitig beidrehen wollte, da ihn am Zielhafen *Ruhm und Ehre* erwartete. Über eintausend Menschen ertranken in eiskalter See.

In der Politik spielte bisher auch immer das Arbeitsamt eine wichtige Rolle. Das Arbeitsamt (sofern es dieses später noch geben sollte), wird dann auch Wissenspillen anbieten, und zwar für diejenigen, die eine Umschulung machen müssen, weil sie in ihrem alten Beruf keine Arbeit mehr bekommen. Aber statt zeit- und kostenintensive Lehrgänge absolvieren zu müssen und damit die Staatskasse zu belasten, schlucken die Lehranwärter die Wissenspille, welche die benötigten Informationen für einen neuen Job bereithält, und schon kann`s losgehen mit der neuen Aufgabe. Natürlich muß man hier noch persönliche Gegebenheiten berücksichtigen, die für den neuen Job relevant sein sollten, etwa Körpergröße und Gewicht sowie Dinge, die mit der Persönlichkeit des Menschen zusammenhängen. Das gleiche gilt auch für Lehrberufe, wo es nicht auf Fingerfertigkeiten ankommt (wie beim Zahnarzt), sondern auf geistiges Know-how (wie beim Informatiker).

Aber werden die Menschen in Zukunft sich noch den Luxus von Persönlichkeit und Individualität leisten können?

Denn eins ist doch klar, Wissen verändert die Menschen. Wenn die Menschen mittels Wissenspille ihr Wissen erweitern (selbst wenn es nur ein Teilwissen ist), dann verändern sie auch ihre Persönlichkeit. Und je nachdem, welchen Inhalt das Wissen hat, ändert sich auch das Gewissen. Letztlich wird es so sein, dass jeder die Wissenspille nehmen wird und damit wohlmöglich alle der gleichen Beeinflussung unterliegen, wie sie vom Wissenspillen-Produzenten vorgegeben werden. Der hat damit nicht nur für vieles die Verantwortung mitzutragen, sondern auch die Macht, das Weltgeschehen immens zu beeinflussen. Und damit hat er auch alle Möglichkeiten, sie zu missbrauchen. Insofern kommt es darauf an, ob quasi Jedermann (unter Auflagen strenger Gesetze, deren Einhaltung kontrolliert werden muß) die Wissenspille produzieren darf, oder ob der Staat sie unter seinem „*Schutz*" nimmt, was ihm wiederum Tür und Tor zum Missbrauch öffnet. Egal welche manipulierende Informationen die Wissenspille später einmal enthält, es wird sich niemand als manipuliert empfinden, weil jeder auf seine Wahrheit und seinen Realitätssinn vertraut, welcher sich ja auch ohne die Wissenspille hin und wieder mal ändern kann. Je nach (Wissens-) Lage des Menschen.

Was aber passiert, wenn die Daten in der Wissenspille falsch sind? Also nicht nur ein wenig manipuliert, sondern bis ins Gegenteil verkehrte Informationen enthält? Und damit gar nicht mal versehentlich falsch, sondern bewusst gefälscht und manipuliert wurde, zu einem bestimmten (politischen oder kriminellen) Zweck. Hier werden sich wahrscheinlich neue strafwürdige Bereiche auftun. Terroristen könnten die Wissenspille als Waffe gegen die Bevölkerung benutzen, um Staaten zu erpressen, Politiker die Bevölkerung gegen die Opposition aufbringen und Wirtschaftskriminelle könnten versuchen, ihren Konkurrenten hiermit zu schaden. Die Wissenspille könnte sogar ganze Volksmassen beeinflussen, beispielsweise, wenn man die Stoffe der Wissenspille unerkannt in Lebensmittel einsetzen könnte.

Auch Politiker brauchen zukünftig die Wissenspille, um immer auf dem neuesten Stand der Entwicklung zu sein. Aber eigentlich dürften sie sie nicht nehmen, um nicht in die Gefahr irgendeiner Manipulation zu gelangen, die durch die Wissenspille ausgelöst werden könnte. Ein koksender Bundeskanzler würde von uns ja auch nicht akzeptiert werden. Doch durch den schnellen Fortschritt werden die Politiker immer mehr in Zugzwang kommen (und zwar Entscheidungen zu treffen), da die Verhältnisse in allen Lebensbereichen sich ständig und immer schneller ändern. Ohne Wissenspille werden sie gar nicht mehr auskommen können. Die Meldungen neuer Forschungsergebnisse und Erfindungen lassen den Politikern gar keine Zeit mehr darüber nachzudenken, ob diese mit den Gesetzen vereinbar sind oder nicht. Im Bereich der Ethik und Menschenrechte wird es daher am Anfang in der Politik und in der Bevölkerung noch ein wenig Diskussion geben, dann aber folgt die Losung, die die Politiker entlasten wird: *„Alles ist erlaubt!"*. Moral, Ethik und Grundrechte haben dann ausgedient.

Und in Zukunft wird dann auch wieder der angepasste Mensch von der Politik gefordert werden. Mehr noch als heute oder in früheren Zeiten. Von daher werden die Informationen in der Wissenspille so gestaltet sein, dass sie einer Unterwürfigkeit Vorschub leisten werden. Doch diejenigen, die nicht unterwürfig sind, sich auch durch die Beeinflussung der Wissenspille nicht unterwerfen lassen, müssen aus Staatssicht besonders und überall, wo sie sich aufhalten, überwacht werden.

So werden bereits jetzt schon in den Städten an vielen öffentlichen Gebäuden kleine Kameras angebracht, dessen Aufnahmen in Videokontrollzentren zusammenlaufen. Mit einem Gesichtererkennungsprogramm (existiert bereits) ist es möglich, ein einzelnes Gesicht aus der Menschenmasse zu erkennen, herauszuselektieren und zu verfolgen, wenn die Person sich von einer Kamera zur nächsten bewegt. Das ganze Versuchsprojekt (welches in verschiedenen Ländern derzeit getestet wird) soll weiter ausgedehnt werden. So sollen in Zukunft in allen Straßen und an allen Plätzen kleine Kameras installiert werden, um möglichst flächendeckend die ganze Republik erfassen zu können. Auch wenn dies derzeit noch nicht erlaubt ist, aus Verfassungsgründen, die Vorbereitungen laufen indessen schon.

Nachdem Millionen von Kameras installiert sind und jeder größere Ort sein Kontrollzentrum hat (in Hand der Polizei und Staatssicherheit), werden die Kontrollzentren zusammengeschaltet, um einzelne Personen verfolgen zu können, die sich auf Reisen durch die Republik befinden. Ihr Aufenthaltsort wird den Behörden damit immer bekannt sein. Darüber hinaus wird das Projekt auf europäischer Ebene ausgeweitet werden, und danach vielleicht sogar Global. Das ganze wird über einen Satelliten im All kontrolliert, der zudem mit seinem Superkameraauge die Umgebung der kontrollierten Personen bis fast zur Gesichtserkennung aufnehmen kann. Ihm entwischt fast nichts, was sich im Freien aufhält. Befürworter dieser Überwachungssysteme (das sind die Hersteller und Politiker) argumentieren hier (beispielsweise in England, wo das ganze schon sehr weit fortgeschritten ist) mit den Wörtern „*Verbrechensbekämpfung*" oder „*Schutz der Bürger vor Verbrechern*", um diese Systeme vor der Öffentlichkeit vertreten zu können. Denn, so ein weiteres Argument, wer sollte schon etwas dagegen haben, solange er doch nichts Schlimmes im Schilde führt, wenn der Staatsapparat weiß, wo der einzelne Bürger sich befindet und was er tut. Aber diese Argumentation soll einzig davon abhalten zu fragen, wer eigentlich gewährleisten kann, dass der Staat nichts schlimmes im Schilde führen wird mit den Aufzeichnungen und den daraus sich ergebenden Möglichkeiten. Die ehemalige DDR, als Schnüffelstaat erster Güte, hatte mit ihren Erkenntnissen auch wenig Gutes im Sinn. Es ging ihr um die eigene Machterhaltung und damit um die Unterdrückung der Bevölkerung und somit auch um die Ausschaltung der Opposition.

Der Staat könnte zudem gewillt sein, ein weitreichendes Kontrollsystem, und zwar eine Gen-Datenbank aufzubauen, die alle relevanten Gendaten aller Staatsbürger umfasst. Wo immer der Bürger sich aufhalten wird, könnte er von der Staatsmacht kontrolliert und eindeutig identifiziert werden. Eine solche Gen-

Datenbank könnte auch der Wirtschaft dienen, beispielsweise dass Versicherungen nur noch bei den Personen im Krankheitsfall bezahlen werden, bei denen im Erbgut keine Krankheit verankert ist, bzw. werden die Versicherungen nur noch Verträge mit den Personen abschließen, die ein einwandfreies Erbgut haben. Man könnte dann auch von einer genetischen Diskriminierung sprechen, wenn es soweit käme.

Nebst der Gen-Datenbank und der Kameraüberwachung wird eines der wichtigsten Instrumente der Politik zukünftig der *Gedankendetektiv* sein. Eine Apparatur, mit der man die Gedanken der Menschen lesbar (und hörbar machen) kann, aus der Nähe oder (versteckt) aus der Ferne. Bereits heute experimentiert man daran. Natürlich zum Wohle aller Menschen. Hierfür dürfen erst einmal die sprach- und körperbehinderten Personen als Vorzeigeobjekt und – projekt herhalten. Diese sollen ihre Gedanken und ihren Willen dem *Gedankendetektiv* mitteilen, der dann am PC bestimmte Programme und Arbeiten ablaufen lässt. Integration in die Arbeitswelt nennt man solche Konzepte (vorerst). Beispielsweise, wenn man auf diesem Wege einem Querschnittsgelähmten eine Maschine, wie beispielsweise den *PersonalComputer*, bedienen lässt und ihm dadurch eine Arbeit anbieten kann. Dieses Jahr (2001) hatte man sogar einen Piloten mittels Neuronalnetz-Software, die die neuroelektronischen Vorgänge im Gehirn analysiert (so heißt das in Fachdeutsch), ein Flugzeug lenken lassen, ohne dass der Flugzeugführer einen Steuerknüppel berührte. An solchen Beispielen begreift man, wie weit diese Forschung schon vorangekommen ist.

Aber noch sind es meist nur Impulse der Gehirnströme, die man misst und umsetzt, nach dem Ja/Nein-Muster. Das heißt: ein starkes Signal bedeutet „*Ja*" (durchführen), ein schwaches Signal „*Nein*" (nicht durchführen). Mit diesem Bitmuster: „*Schalter ein, Schalter aus*", funktionieren alle unsere „intelligenten" Computer. Und auf denen laufen immer bessere Sprachprogramme. So wird auch der *Gedankendetektiv* die Bitmuster (ein/aus) mittels Sprachprogramm eines Tages in Worte umsetzen können. Hieraus kann man schon ersehen, wie nahe es liegt, dass in nicht mehr allzuferner Zukunft mittels *Gedankendetektiven* die Gedanken anderer Menschen gelesen und gehört werden können. Dann können die Menschen nicht mehr sagen: „*Die Gedanken sind frei!*". Es sei denn, man trägt an sich einen (dann sicherlich verbotenen) Störsender, der die Ausbreitung der Gedankenwellen und ihrer

Impulse verhindert, bzw. unlesbar macht. Doch wenn man erst einmal die Gedanken les- und hörbar gemacht hat, dann kann man sie auch abspeichern. Dieses abgespeicherte Gedankenmaterial würde man dann auch gegebenenfalls vor Gericht als Belastungsmaterial verwenden. Eine wirklich beunruhigende Vorstellung. Aber die Politiker werden es so haben wollen; freilich dürften sie dann per Gesetz selbst nicht ausspioniert werden. Insofern wird es anfangs nur dem regierenden Staatsapparat erlaubt sein, *Gedankendetektive* zu nutzen (zum *Staatsschutz* natürlich und möglichst, ohne dass es die Bürger wissen). Bis dann die Konzerne zur Industriespionage (und auch zur Aushorchung ihrer Mitarbeiter) dies in ihre Hände bekommen. George Orwell lässt grüßen!

Die Wissenspille wird auf jeden Fall jegliche Entwicklung beschleunigen können und deshalb, sobald sie für den Menschen frei abgegeben wird, zu einem heiß begehrten Stoff werden. Heißer noch als Koks!

Wissenschaft und Militär

Natürlich haben auch die Militärs ein besonders großes Interesse daran, die Wissenspille in ihren Händen zu halten (und auch dort möglichst erst einmal alleine für sich zu behalten). Aus folgenden Gründen:

Sie wollen
- bestehende Waffensysteme schneller verbessern können, zudem
- neue Waffenprogramme entwickeln und
- ihr Waffenarsenal vergrößern.

Dazu gehört auch, dass die verschiedensten atomaren Waffen weiter entwickelt werden, und zwar dahingehend, dass sie stärker in ihrer Kraft sind, aber räumlich begrenzter in ihren Auswirkungen (auf das Einsatzgebiet bezogen). So wie es die Uranmunition der USA beispielsweise schon anschaulich im Golfkrieg zeigte (oder im Krieg auf dem Balkan). Man kann mit der Uranmunition in einer kleinen Patrone leicht einen großen Panzer zerstören, „nur" das Gebiet in nächster Nähe ist anschließend radioaktiv verseucht.

Dann allerdings wohl für die nächsten paar Hunderttausend Jahre gleich mit, sofern auch abgereichertes Uran „$U236$" mitverwendet wurde, ein Abfallprodukt aus Kernkraftwerken (so schaffte die USA beim Golfkrieg im Irak ein neues grausiges Beispiel dafür, wie man den radioaktiven Abfall beseitigen kann, ohne ihn teuer entlagern zu müssen). Aber vielleicht gelingt es ja auch mal den Physikern, die radioaktive Strahlung (von Uran und Plutonium) mit einer Gegenstrahlung zu paralysieren oder auch zu eliminieren, so wie zwei Frequenzwellen die aufeinandertreffen, sich auch gegenseitig aufheben. Dann wäre das Problem der radioaktiven Verstrahlung beseitigt. Was aber andererseits dann wohl die Bereitschaft erhöhen würde, die Atomwaffen auch einzusetzen.

Flugzeuge werden so entwickelt werden, dass sie schneller und wendiger sind und von keinem Radar mehr erfasst werden können, so wie es die Tarnkappenbomber bereits sind. Die Amerikaner arbeiten bereits an dieser neuen Generation. Raketen haben zudem die Möglichkeit punktgenau ins Ziel zu kommen, egal von wo aus sie gestartet werden, selbst aus dem Weltall heraus.

Ein Teil dieser Waffengattungen wird daher in den Orbit verlegt werden, damit der Gegner keine Möglichkeit mehr hat, an sie heranzukommen, um sie zerstören zu können. Die neue US-Regierung unter George W. Bush wird sich daher auch verstärkt für ein „*Star Wars*" - Programm einsetzen, selbst dann, wenn ihre europäischen Bündnispartner dagegen protestieren. Hierunter fällt auch die Laserwaffe, die eine Raketen aus großer Entfernung bereits direkt nach dem Start zerstören kann. Die ersten Tests waren hier schon sehr erfolgversprechend. Aber diese Waffe kann auch aus allergrößter Entfernung Kernkraftwerke mit einem energiereichen Lichtstrahl in die Luft sprengen oder jedes andere Gebäude treffen, worauf sie abgezielt wird – und zwar punktgenau.

Die Marine wird zudem noch tiefer in den Meeren abtauchen können, als sie es bisher schon kann. Und U-Boote können dort monatelang verweilen, ohne dass sie mal zwischenzeitlich auftauchen müssten. Die Rüstungsspirale nimmt also kein Ende. Und das alles nur zum Friedenserhalt auf Erden? Fragen sie mal die Rüstungsindustrie, was die davon hält. Diese möchten nämlich gerne ihre Waffen mal getestet haben – im Einsatzgebiet - und zwar im Ernstfall. Denn schließlich arbeiten Millionen Menschen an den Rüstungsprogrammen, und nichts ist für viele von ihnen schlimmer, als Waffen (selbst Atomwaffen) nur für den Müll zu produzieren, denn so gesehen werfen sie ja einen großen Teil ihrer Lebenszeit, die sie für den Waffenbau verwendet haben, dann auch auf den Müll. Für so manchen ist das sehr unbefriedigend (man kann das auch die Perversion des Erfolgwillens nennen). Zudem lassen sich Waffen am besten testen und verbessern, wenn man sie auch mal in einem Krieg eingesetzt hat. Und die Generäle der Militärs, sowie die Rüstungsindustrie hatten immer schon stark in der Politik mitgemischt - gemäß Clausewitz. Sein Motto war: „*Krieg ist die Fortsetzung der Politik mit anderen Mitteln.*". Das können wir Deutschen auch an unserer eigenen dunklen Vergangenheit im letzten Jahrhundert sehen. Ist es so verwunderlich, dass es ständig Krisenherde mit militärischer Gewalt auf der Erde gibt?

Neben den biologischen Waffen, wie bereits angedeutet, werden auch die chemischen Waffen weiter entwickelt werden. Vermutlich dahingehend, dass sie im Einsatzgebiet einen noch größeren Schaden anrichten können, als es bisher möglich gewesen ist, aber ihre Wirkung sich zeitlich genau begrenzen lassen, damit die eigenen Truppen schnellstmöglich nachrücken können. Denkbar ist es auch, dass eines Tages die chemisch/biologischen Waffen, die Menschen nicht mehr töten, aber dafür psychisch abhängig und willenlos machen und sich ihr Handeln derart regulieren lässt, dass sie für den Gegner tätig werden und nicht mehr gegen ihn.

Immer mehr interessieren sich die Militärs auch für den Krieg der Informationen – den *Cyberwar*. Durch Beeinflussung der gegnerischen Computer, eventuell mittels Computerviren (der @-Bombe), die in deren Systeme eingebracht werden, erhoffen sie sich bereits vor einem militärischen Abschlag mit Waffen einen militärischen Sieg erringen zu können, indem sie deren Waffengattungen lahm legen und die Volkswirtschaft sabotieren. So will man die Informationen vom Gegner vernichten oder mit falschen Informationen austauschen. Die digitale Kriegführung wird derzeit in allen Staaten entwickelt. Viele Milliarden Dollar werden derzeit für das Cyberkriegsprogramm ausgegeben. Auch die Abwehr von Angriffen ist damit notwendigerweise einbezogen. Es können ja nicht nur Staaten hier aktiv werden, sondern auch Terroristen, selbst Wirtschaftskonzerne und Einzelpersonen. Denn, was man für einen Cyberangriff braucht, ist nichts weiter als einen Computer, der an die digitale Datenautobahn angeschlossen ist. Der „*I love you*" – Virus eines Studenten, der der Weltwirtschaft schätzungsweise 20 Milliarden Dollar Schaden zufügte, hatte gezeigt, wie verheerend Computer-Virenangriffe sein können und wie ungeschützt die Datensysteme allesamt sind. Damit ist bereits zu Friedenszeiten eine große Gefahr unserer vernetzten Welt gegeben, vor der wir uns zukünftig besser schützen müssen. Oder man entscheidet sich wieder für dezentrale Systeme und gibt die globale Vernetzung grundsätzlich auf, was man heutzutage allerdings kaum mehr ernsthaft in Erwägung ziehen kann.

Auch die Ausschaltung der gesamten Elektronik eines Feindeslandes gehört zum Krieg der Zukunft. Eine Atombombe, die in großer Höhe (im Orbit) gezündet wird, schaltet mit einem superstarken elektromagnetischen Impuls in einem großen Gebiet (so groß beispielsweise wie Europa) alle elektrotechnischen Geräte aus und zerstört sie allesamt, als wäre ein Blitz in ihnen eingeschlagen. In dieser Höhe gezündet, wird es auf der Erde keine Druckwelle geben, auch keine radioaktive Verstrahlung (die findet in der oberen Atmosphärenschicht statt, wo sie aber wohlmöglich auch nicht unbedenklich ist), und somit wird es im ersten Moment kaum Verletze oder Tote geben. Da in diesem Land kein elektronisches

Gerät mehr funktionieren würde, die Bevölkerung damit ins Steinzeitalter gebombt wäre, bräche das ganze Land unter der Macht der Stromlosigkeit im fürchterlichsten Chaos in sich zusammen. Atomreaktoren, soweit vorhanden, würden explodieren und das Land verstrahlen. Da dann keine Kühlgeräte mehr funktionierten, wären die vorhandenen Lebensmittel innerhalb weniger Tage vergammelt. Die Bevölkerung hätte damit keine Nahrung mehr. Und ohne Strom würde sie auch keine Arbeit mehr haben. Sie würde im Überlebenskampf zu einer sich selbst mordenden Masse werden. Während die Bombe selbst erst einmal keine Menschen verletzen oder töten würde, würden aber die Folgen für Hunderttausende oder gar Millionen von Menschen damit durchaus tödlich sein. Mit einer Mikrowellenkanone oder einem gepulsten Laser (in diesen Gebieten sind die Deutschen offensichtlich wieder Vorreiter) erreicht man diesen Impuls auch ohne nukleare Kernspaltung in einer Atombombe. Ein gepulster Laser kann eine *kalte Verschmelzung* durchführen, beispielsweise von Uran oder Plutonium. Zudem gibt es die Waffe in mehreren Variationen; eine für den handlichen Gebrauch im Sturmgepäck eines Soldaten, die für kleine elektrotechnischen Störungen dienlich ist und die andere als großes System, welches für weitgehende elektronische Zerstörung konzipiert ist. Doch gerade die Handlichkeit der kleinen Waffen und die Einfachheit ihrer Herstellung, macht sie für den Terrorismus besonders interessant. Aber auch für die dunklen Abteilungen kleiner Betriebe bis hin zu den großen Weltwirtschaftskonzernen, die beispielsweise der Konkurrenz gerne einen elektronischen Totalschaden in deren EDV zufügen möchten (eventuell unbemerkt bei einem natürlichen Gewitter - als Alibi), dürfte diese Waffe womöglich einiges Interesse hervorrufen. Die Tendenz ist jedenfalls da, dass der Terrorismus zukünftig zunehmen wird. In einem angehenden biotechnologischen Zeitalter werden zudem biotechnische Stoffe für den Terrorismus besonders interessant sein, aber genauso auch für den Staat und dessen Militär sowie diversen Gesellschaften und Personen aus einem kriminellen Umfeld.

    Bereits im Vorfeld von militärischen Auseinandersetzungen, als Staatsterrorismus, lassen sich beispielsweise die Tiere einer größeren Landwirtschaft auch in Friedenszeiten verseuchen. Aber nicht nur die Staaten, sondern auch die Konzerne (selbst Einzelpersonen) könnten zu solchen Mitteln greifen, um beispielsweise ihre ausländische Konkurrenten vom heimischen

Markt zurückzudrängen. So könnte der BSE-Erreger oder die Viren, die für die Maul- und Klauenseuche bei Schweinen und Schafen verantwortlich sind, in ein Land exportiert werden, um deren Landwirtschaft zu schaden. In Zukunft könnte das eine Methode sein, die immer häufiger angewandt werden wird, bis es soweit kommt, dass die Menschen sich ihre Lebensmittel in einem geschützten heimischen Garten (eingeschlossen in einer Glaskuppel zur hermetischen Abschottung von der Außenwelt) selbst anpflanzen müssen, um überhaupt noch an unschädliche Lebensmittel zu kommen. Den Menschen kann man daher schon heute raten, sich einen Vorrat an Lebensmittel anzulegen, der es ihnen ermöglicht, in Krisenzeiten sich über einen längeren Zeitraum davon ernähren zu können. Aber nicht nur Tiere (Fleischprodukte) werden von derartigen Ökoterrorismus betroffen sein, sondern auch die Welt der Pflanzen. So wäre es möglich, dass auch Korn, Mais, Kartoffeln und andere Lebensmittel mit Pestiziden und anderen biologischen Mitteln vergiftet werden. Und zwar auch so, dass der Boden, aus dem sie wachsen, für Jahre und Jahrzehnte unbrauchbar kontaminiert wurden. Mit den biologischen Möglichkeiten, die Welt neu zugestalten, gibt es auch viele Möglichkeiten, die Welt schnellstens zu zerstören, ein Land zu vernichten und deren Bevölkerung zu ruinieren und letztlich auszulöschen. Und je mehr Möglichkeiten es gibt und je einfacher sie herzustellen und anzuwenden sind und je problemloser auch die dazu benötigten Mittel zu besorgen sind, umso höher wird die Wahrscheinlichkeit werden, sie auch militärisch-terroristisch einzusetzen. Und die Möglichkeit ist inzwischen so hoch, dass es nur eine Frage der Zeit ist, bis der showdown hierzu losgeht. Mit der Ausbreitung von MKS, BSE, Aids und anderen Viren, ist er eigentlich bereits schon im Gange, das muß man einfach so sehen.

Nach jeder Entwicklungsstufe werden schnellstens die Daten der nächsten Generation der Wissenspillen zur Verfügung gestellt und dort untergebracht, damit die Wissenschaftler sie wiederum einnehmen können, um nunmehr ein noch größeres Fachwissen zu haben als zuvor, als Basis für neue Entwicklungen (vor allem im militärischen Bereich) und neue Wissenspillen. Mit diesem höheren Fachwissen werden sie weiter forschen und diese Forschungsergebnisse der nächsten Generation an Wissenspillen zur Verfügung stellen. Immer mehr Personen können nun mit einem immer höher werdenden Fachwissen an Entwicklungsprojekten arbeiten. Zum Teil wäre es auch ohne die Wissenspille gar nicht mehr möglich, dort tätig zu sein und weiter zu forschen. Zumindest wären weitreichende Forschungsergebnisse nicht in einem so kurzen Zeitraum möglich. Es ist wie mit dem Reiskorn auf dem Schachbrett. Verdoppelt man jedes Reiskorn von Feld zu Feld, steigert sich die Anzahl der Reiskörner ins Unermessliche. Das heißt, die Anzahl der Reiskörner steigen sprunghaft an. Und so wird es auch mit dem Wissensvolumen der Wissenspille sein. Oder denken sie mal an den Fortschritt im Bereich der PCs. Während die ersten vor wenigen Jahren noch im Kilohertzbereich getaktet waren, schlägt in ihnen heute bereits das Gigaher(t)z.

Kriege (Eroberungskriege) werden jedoch auch ohne direkte Bedrohung zunehmen können, da das militärische Gleichgewicht in der Welt ins Wanken gerät. Wer durch die Hilfe der Wissenspille sein Waffenpotential erweitert hat, hat zugleich auch alte Strukturen zerstört. Jetzt muß ein solcher Staat gar nicht einmal die Absicht haben, ein anderes Land angreifen zu wollen. Aber es könnte sein, dass ein anderes Land gar nicht so lange warten will, bis das benachbarte Land mit Hilfe der Wissenspille weit militärisch überlegen sein wird. Alleine schon, weil es sich bedroht fühlt und eine militärische Erweiterung des Nachbarlandes verhindern will, könnte es eingreifen wollen und aus diesem Grunde könnte es zu einem Krieg kommen, mit dem Ziel, das wissenschaftliche und militärische Potential des Nachbarstaats zu zerstören. Man stelle sich ja einmal vor, Kuba hätte die Wissenspille als erstes Land zur Marktreife gebracht und Fidel Castro würde sie nutzen wollen, um die Waffentechnik seines Militärs weiter aufzubauen. Kaum anzunehmen, dass die USA da tatenlos zuschauen würde. Wir sehen, mit der Wissenspille wird vieles viel komplizierter und gefährlicher werden. Fairerweise muß man dazu auch sagen, dass in anderen Bereichen mit Hilfe der Wissenspille, beispielsweise im Umweltschutz, auch viel geleistet werden kann, was ja auch dringend erforderlich ist.

Es ist aber schon unglaublich, welchen Elan und Erfindungsreichtum die Menschen hervorbringen, sich mit Waffen vernichten zu können, aber dann auch wiederum sehr einfallslos sind, wenn es darum geht, Hunger und Elend auf der Erde zu vermeiden und zu beseitigen. Wenn man sich dazu überlegt, welche Waffen schon existieren (biologische, chemische, atomare und konventionelle) und welche derzeit entwickelt werden (einige kennt vermutlich die Öffentlichkeit noch gar nicht, da sie absolut geheimgehalten werden, aber schon in näherer Zukunft zur Verfügung stehen können), sowie die Waffensysteme, die in Zukunft noch entwickelt werden, dann muß man sich wirklich wundern, dass überhaupt noch ein Mensch auf der Erde lebt und die Welt noch nicht in die Luft geflogen ist. Es scheint aber unter diesem Eindruck auch so zu sein, als wäre dies nur noch eine Frage der Zeit, bis dieses letzten Endes doch geschieht. Und die Menschen, die hieran mitwirken (Politiker, Waffenbauer, Wissenschaftler, Militärs), müssen sich selbst mal fragen, wie irrsinnig sie eigentlich sind!

Aber auch andere Berufszweige und Forschungsgebiete arbeiten an diesem Wahnsinn direkt oder indirekt mit.

Die Hilfe der Wissenspille wird die Physiker beflügeln, weiter nach der Urformel alles Seins zu forschen und daher nach dem Woher und Wohin unseres Daseins. Suchen aber diese Physiker, die nach der Weltformel (Urformel) forschen, diese nur aus dem Wunsche der reinen Erkenntnis heraus oder wollen sie diese Formel kontrollieren und beherrschen können (und damit die Welt)? Derzeit wird in Cern/Schweiz, mit Hilfe von Tausenden Physikern weltweit, der global größte Teilchenbeschleuniger (LHC – Large Hadron Collider) aufgerüstet, um *Urknall* und *Schwarzes Loch* im Laborversuch entstehen lassen zu können, womit sie gleichsam die Urformel des Seins aufspüren wollen.

Man stelle sich nur einmal vor, diese besagte Formel, so wie die Physiker sich eine Formel typischerweise vorstellen, hätten sie damit eines Tages gefunden. Dann könnten sie mit einer Gegenformel nicht nur die Erde zerstören und alles Leben auf ihr mit einem Schlag vernichten, sondern das gesamte Universum gleich mit auslöschen und ins *Nirvana* schicken, also in das „*Nichts*" verschwinden lassen. So wie Prof. Dr. Anton Zeilinger und sein Team seit einigen Jahren an der Quanten-Teleportation arbeiten. Sie wollen die Urelemente (beispielsweise Photonen) zerstören und eine exakte Kopie davon an einem anderen weit entfernten Ort wieder entstehen lassen. Aber es ist nur eine Kopie die übertragen wird, das Original wird zerstört. Sicherlich dürften solche Erfindungen auch den Militärs gefallen, die eine Vorliebe fürs Zerstören haben. Auch wenn die Wissenschaftler es selbst nicht sind, die so etwas ansinnen, die Politiker und Militärs werden sich diese Forschungsergebnisse schon zu eigen machen wollen, so wie sie es bisher immer auch schon getan haben.

Doch so sehr die Physiker auch nach dieser Ur-Formel suchen, vielleicht ist die Welt ja doch ganz anders (aufgebaut), so wie beispielsweise in meiner Realitätstheorie beschrieben (in meiner Jugendzeit entwickelt und 1989 erstmals veröffentlicht und jetzt im Internet zu lesen unter: „**www.urformel.de**"). Da entzieht sich in letzter Konsequenz die Natur dem Versuch des Menschen, sie in ihrem Innersten und Wesentlichsten beherrschen zu können.

„*Gott* sei Dank!" kann man da eigentlich fast nur noch sagen.

Jeder Wissenschaftler kann erzählen (und das tun auch die meisten von ihnen), er forscht und entwickelt nur um der reinen Erkenntnis willen (oder um Menschen zu helfen, beispielsweise im medizinischen Bereich), was die Menschen aus ihren Forschungsergebnissen machen, sei dann deren Problem. Das man einen großen Teil ihrer Erfindungen zu militärischen Zwecken missbrauchen kann, dafür können sie ja nichts, behaupten sie, womit sie nunmehr auch keine Verantwortung übernehmen wollen. Kann man sich wirklich mit solcher Argumentation aus jeglicher Verantwortung entziehen? Hier muß wohl ein Umdenken stattfinden. Soll man denn weiterhin Entwicklungen zulassen und diverse Produkte weiter erforschen, wenn das Ergebnis ein Erzeugnis wäre, womit die Militärs etwas in die Hände bekämen, was beispielsweise die gesamte Menschheit auslöschen könnte? Und müssen wir solche Erfindungen überhaupt haben und zulassen wollen? Ja müssen wir nicht stattdessen die Wissenschaftler verpflichten, auf solche Forschungen und Erfindungen zu verzichten, zum Wohl aller Menschen? Der Stand der Forschung und die Lage unserer Menschengeneration (auch bedingt durch viele Forschungsergebnisse und Erfindungen) erlauben es eigentlich gar nicht mehr, die „*Freiheit der Forschung und der Wissenschaft*" (grenzenlos) aufrecht zu halten. Es scheint eher, als wäre die Zeit reif, hier wesentliche Einschränkungen zu machen. Darüber öffentlich nachzudenken bricht ein Tabu, ein Tabu welches die Wissenschaft zu ihrem Eigenschutz selbst geschaffen hat. Wer nun, wie ich, so etwas schreibt, muß deshalb ertragen können, wenn er aus der Inquisition der Forschung zu hören bekommt, so einer sei ein *Feind der Wissenschaft*. Aber liebe Leute, ehrlich gesagt, lieber bin ich ein *Feind der Wissenschaft* als ein *Feind unserer Mitmenschen*.

Sind auch Physiker *Feinde der Menschheit*? Physiker haben ja nicht nur im militärischen Bereich ein Forschungsfeld, wozu auch der Atombombenbau gehört, also von der Wasserstoffbombe bis hin zur Neutronenwaffe, sondern beispielsweise auch im Bereich der Kernfusion zur Energiegewinnung.

Kernfusionsreaktoren könnten eines Tages möglicherweise sogar die Atomreaktoren ablösen. Im Fusionsreaktor werden in einem atomaren Prozeß vier Wasserstoffkerne zu einem Heliumkern verschmolzen, so wie es sich beispielsweise in der Sonne abspielt. Beim Verschmelzungsvorgang wird Energie freigesetzt. Um aber eine Kettenreaktion einleiten zu können, die es ermöglichen würde Wasserstoff zu Helium umzuwandeln, bedarf es bisher einer unglaublichen und geradezu unvorstellbaren Hitze von annähernd hundert Millionen Grad Celsius und einer Technik, indem sich die Hitze speichern ließe, ohne den Speicher selbst zu verschmelzen. Das geht beispielsweise durch Erzeugung magnetischer Felder, in deren Mitte sich dann die Kernspaltung und -verschmelzung abspielen würde. Man muß aber erst einmal eine große Menge an Energie hineinstecken, um dann wieder Energie herauszubekommen. Es ist also wie die Suche nach dem *Perpetuum Mobile*, einem „*Fahrzeug*" welches sich immer bewegen wird, wenn man es nur einmal anstößt. Und welche Gefahren in dieser Technik stecken, nebst radioaktiver Verseuchung, davon wissen wir noch nichts. Schon deshalb nicht, weil nach ca. 40 Jahren der Experimente es den Wissenschaftlern noch immer nicht gelungen ist, einen Fusionsreaktor erfolgreich in Betrieb zu nehmen. Es gibt also keinerlei Erfahrungen in diesem Bereich. Mit Hilfe der Wissenspille werden die Wissenschaftler aber hier sicherlich schneller vorankommen können, was jedoch nicht gleichzeitig bedeuten würde, dass er dann auch endlich funktionsfähig gebaut werden würde. Möglich wäre nämlich auch, dass die Wissenschaftler feststellten, dass es sich gar nicht lohnen wird, einen Fusionsreaktor herzustellen und man dafür lieber auf andere Energiequellen setzt. Beispielsweise auf Wasserstoff. Aus Strom und Wasser wird das Edelgas *Wasserstoff* erzeugt, welches bei minus 250 Grad flüssig wird und damit für Kraftfahrzeuge tankbar ist. Wasserstoff verbrennt in Berührung mit dem Sauerstoff der Luft und kann so den Verbrennungsmotor antreiben und es bilden sich als Abgase lediglich Wassermoleküle, die entweder aus dem Auspuff des Fahrzeugs heraustropfen oder dort verdampfen. Autos werden dann nicht mehr mit Benzin fahren. Hier dürfte also vorerst die Zukunft der Automobile im Wasserstoff als Antriebsmittel liegen, wie es sich bereits heute schon abzeichnet. Es könnte aber auch der Plasma- und der Ionenantrieb sowie der Anti-Materie- oder der Anti-Gravitations-Motor hinzu kommen. Alles ist möglich. Und in allen Richtungen hin experimentieren die Wissenschaftler bereits schon seit Jahren.

Die Autos selbst werden sicherer gebaut werden können, dank neuer Materialien (polymere-biologisch-chemische Stoffe, sowie Metalle und Kunststoffe, sich selbst reparierend und zum Teil auch sogar selbst *nachwachsend*). Erste Tests mit Kunststoffen, die sich selbst reparieren, indem durch Polymerisation Risse geschlossen werden können, waren schon erfolgreich (wichtig für die zukünftige Raumfahrt). Das Prinzip ist also bereits bekannt. Intelligente Leitsysteme verhindern Staus. Zudem können später kleine *Flugautos* (für zwei bis vier Personen) als fliegende Verkehrsmittel den Menschen zur Verfügung stehen. Auch sie werden aufgrund von intelligenten Leitsystemen und problemlos zu bedienenden - sowie sicheren - Antriebsaggregaten für jedermann nutzbar sein. "*Erlernen*" tut man dies schnell mit der Wissenspille, um weitgehend gefahrlos umherfliegen zu können. Selbst die Piloten von Großraumflugzeugen werden eines Tages auf die Wissenspille zurückgreifen, um mehr Sicherheit – durch höheres Fachwissen – erreichen zu können. Zu diesem Zeitpunkt ist der Haushaltsroboter schon längst Standard im modernen Haushalt. Die rasante Entwicklung wird in jedem Gebiet Einzug halten, selbst bis in die eigenen Räume hinein. Hier könnte der holographische 3D-Fernseher bereits seinen Dienst tun. Aber die allgemein heile, im Wohlstand lebende Welt wird es nicht geben (vermutlich nie), weil nur ein kleiner Teil der Menschheit – die Millionäre und Milliardäre – sich diesen Fortschritt und Luxus leisten können. Der andere Teil der Menschheit kämpft ums Überleben. Zudem bedeutet nicht jede technische Neuheit, die preiswert zu erhalten ist, dass die Bevölkerung anschließend in Wohlstand leben kann.

Das Funktelefon beispielsweise, welches früher nur einer kleinen finanzstarken Elite zur Verfügung stand, kann heutzutage jeder (hundertfach verbessert noch) als Handy preiswert erhalten. Aber ist dadurch die Bevölkerung wirklich wohlhabender geworden? Ist dieser Luxus, den nun heutzutage jeder erwerben kann, nur damals ein *Luxus* gewesen, weil es nur wenige Auserwählte waren, die hiervon profitieren konnten? Wenn „**ja**", bedeutet es: *was sich jeder leisten kann, ist kein Luxus mehr*. Doch wenn alle diesen Massen-„*Luxus*" erwerben können, müssen dann heute weniger

Menschen ums Überleben kämpfen als in früheren Zeiten? Ist das Leben leichter geworden durch die ganze Technik, als zu der Zeit, wo es noch keine Elektronik gab? Wenn man das nicht eindeutig positiv bejahen kann, dann stellt es den ganzen technischen Fortschritt doch wohl in Frage, oder? Noch schlimmer, wenn jede neue Erfindung, jeder Entwicklungsstand einen Sieg für den Genius der Menschengeschlechtes bedeutet, dann siegen wir uns bald sehr schnell zu Tode, denn jede neue Entwicklung birgt Gefahren, direkter oder indirekter Natur. Damit ist der Fortschritt nicht lebensverbessernder Luxus, sondern eine Gefahr für die Menschheit.

Der Fortschritt ist aber nicht nur an Luxusartikel zu bemessen. Es gibt ja beispielsweise auch den kulturellen Fortschritt. So wird mit neuen Materialien und besseren technischen Möglichkeiten die Besiedlung des Mondes sowie der Transfer Erde/Mond und zurück in Zukunft kein Handikap mehr sein, sondern gegenteilig zu einem Katzensprung werden, und damit für die internationale Weltraumfahrt - und für die Menschen überhaupt – auch zu einem kulturellen Fortschritt avancieren. Damit wird der Weg in den Weltraum - und die Besiedlung fremder Planeten - in immer greifbarere Nähe gerückt. Die Besiedlung des Mondes könnte bereits um 2050 erfolgen, die Besiedlung des Mars und der Umbau zu einer zweiten Erde (Terraforming) um 2100. Der Flug weitab ins Weltall hinein, um weitere Planeten ausfindig zu machen, die besiedelt werden könnten, dürfte um 2200 erfolgen können. Große Konzerne, wie beispielsweise die „*Hilton*"-Hotelkette arbeiten schon an einem Konzept, welches in näherer Zukunft Touristen ins All bringen soll. Mit dem 60jährigen Amerikaner *Dennis Tito* startete bereits im April 2001 der erste Tourist ins All. Es war auch zugleich die teuerste Reise eines Touristen aller Zeiten überhaupt. Sein Ticket hat über 40 Millionen Mark gekostet. Da sich hier nun ein neuer Markt auftut, wird es in naher Zukunft auch eine Hotel-Raumstation im Erdorbit geben sowie Hotelanlagen auf dem Mond. Während vorerst nur Multimillionäre und andere Auserwählte sich dieses Vergnügen finanzieren können, werden vereinzelt auch später nicht ganz so Betuchte sich diese Freude leisten dürfen.

Dennoch werden es nicht so viele sein, wie beispielsweise heutzutage Touristen in der Luftfahrt umherfliegen, dafür werden die Kapazitäten nicht reichen. Von den vielen Milliarden Menschen, die auf der Erde leben, werden sicher nur einige Tausend (sehr vermögende Urlauber) pro Jahr ins All starten können. Aber ist es auch nötig, dass alle Menschen dies können sollten? Die Ökologie der Mutter Erde wird es uns sehr danken, wenn es nicht allzu viele werden.

Bis es aber soweit ist, gibt es sicherlich schon Stationen auf dem Mond, welche als Bahnhöfe für den Weiterflug zum Mars genutzt werden. Wenn sich eines Tages mal genug Menschen auf dem Mars angesiedelt haben, werden auch sie sich möglicherweise zu einem unabhängigen Staat erklären, sofern dieses Modell einer großen Lebensgemeinschaft, gebunden durch rechtliche Verträge, getragen und umgesetzt von einer Staatsmacht, dann noch aktuell ist. Möglicherweise wird es dann zu Konflikten kommen, zwischen den Mars- und den Erdbewohnern. *Star War's* könnte von der Utopie eines Science's Fiction Romanes eines Tages zur Realität werden, aber eben nicht mit fremden Wesen aus anderen Welten, sondern wieder einmal die Menschen untereinander, im Streit um Ressourcen und Macht. Während der Planet Mars noch in der Aufbauphase des Besiedlungsprojektes ist, werden erste Expeditionen sich schon weiter ins Sonnensystem vorwagen, um das Weltall weiter zu erforschen, um weiteren Platz für die Menschheit zu finden und um weitere Lebewesen zu finden, die auf anderen Planeten existent sein könnten. Dieses Ziel haben die Wissenschaftler ganz klar vorgegeben. Und es gibt kaum einen Menschen, der diesen Gedanken nicht positiv gegenüber stände. Viele Menschen möchten ja auch einmal gerne ins Weltall fliegen. Hier deckt sich das Engagement der Wissenschaft mit dem Willen der Bevölkerung.

Während viele noch bereits vor zwei/drei Jahre glaubten, die Welt von Morgen - wie sie von Visionären dargestellt wurden - ist und bleibt reine Sciencesfiction-Utopie, müssen sie heute die Erfahrung machen, dass sie bereits in dieser Welt leben. Die Grenze zwischen Realität und Sciencesfiction ist nunmehr fließend, wobei der Sciencesfiction-Anteil stetig abnimmt und immer mehr zur Realität wird. Roboter werden in absehbarer Zukunft zwar die Welt nicht beherrschen, wie es uns manche Wissenschaftler in der Vergangenheit glaubhaft machen wollten. Es werden aber immer mehr Industrieroboter produziert werden, die uns einen Teil der Arbeit abnehmen können. In vielen Bereichen jedoch, beispielsweise im Altenpflegebereich, dürften sie äußerst selten sein, ja vielleicht wird es sie dort gar nicht geben. Ältere Menschen wollen auch nicht von seelenlosen Robotern gepflegt und betreut werden, sondern sie wollen Menschen um sich herum haben, die ein Mitgefühl für ihre körperlichen Schwächen und seelischen Sorgen entwickeln können. Bei mehreren Milliarden Menschen und vielen Millionen Arbeitslosen (Arbeitslosigkeit ist ein Trend, der auch durch zunehmende Industrieroboter ansteigt), kommt es zu einem Überschuss an billigen menschlichen Arbeitskräften. Die Arbeitskraft der Arbeitslosen zu verwenden ist preiswerter, als für jedes kleine Problem Roboter entwickeln zu müssen. Zudem, wenn die Menschen gar keine Arbeit mehr hätten, würde auch niemand mehr Geld verdienen und keiner mehr etwas kaufen können. Wer sollte dann die Roboterarbeit bezahlen? Und wenn es soweit ist, dass Roboter Roboter schaffen und sich selbst weiter entwickeln, würde dann alles umsonst zu haben sein? Und würde die eigenständige Entwicklung der Roboter dahin führen, wohin wir sie überhaupt haben wollen?

Möglich wäre zwar, dass Roboter den Menschen alle Arbeiten abnehmen und dass man daraufhin das Geld abschafft, weshalb es alle Waren dann umsonst geben würde, aber dieses Schlaraffenlandprinzip hat einen entscheidenden Haken. Die Rohstoffe auf der Erde sind hierfür zu knapp und Milliarden Menschen müssten sich dann mit Nichtstun begnügen und hätten dann das Problem, ihre lebenslange Freizeit mit irgendetwas Sinnvollem ausfüllen zu müssen, was sie sehr anstrengen und deprimieren würde. Vermutlich würden sie vor Langeweile die Roboter ärgern oder sie gar zerstören. Mit Sicherheit würde es zu einem Aufstand gegen die Herrschaft der Roboter kommen. Die Menschen wollen nun einmal arbeiten, da sie sich auch nicht ständig den Kopf zerbrechen wollen, was sie mit ihrer vielen Freizeit anfangen sollen. Der Arbeitstag in einer humanen Gesellschaft wird aber in Zukunft möglicherweise kürzer sein, als heute unser 8 bis 10 Stunden Arbeitstag, und die Arbeitszeiten werden flexibler werden, so dass die Menschen sich wirklich auf ihre Arbeit freuen können und hochmotiviert an die Arbeit gehen werden (sollten sie zu den Glücklichen gehören, die welche haben). Die Frage ist nur, wird es in Zukunft überhaupt eine humane Gesellschaft geben (geben können)?

Einige naturliebende Menschen, wie es sie auch heute noch gibt, werden dem Trend *wieder zurück zur Natur* folgen und versuchen zu einem natürlichen Lebensstil zu finden, der im Einklang von Mensch und Natur steht, ohne jede Technik. Sofern sie sich es leisten können, denn während früher die Menschen viel Geld ausgaben, um in einem technischen Umfeld leben zu können, müssen zukünftig die Bürger viel Geld dafür zahlen, wenn sie mal Urlaub in unberührter Natur machen wollen, was sich dann nur noch wenige Menschen leisten können. Wahrscheinlich wird es in Zukunft dann auch nur noch wenige Reservate geben, wo dies noch möglich sein wird. Es sei denn, die Bevölkerungszahl der Erde verringert sich auf einige hundert Millionen Menschen, was aber derzeit nicht anzunehmen ist. Eine natürliche Verringerung der Menschheit auf ein günstiges erdverträgliches Niveau, wird beim zukünftigen Stand an Wissen und Technik viele Probleme lösen und zu einem goldenen und friedlichen Zeitalter der Menschheit führen können. Bei allen Visionen, die uns vorliegen, dürfte dies aber die utopischste sein.

Da die Menschen dank der Wissenspille ja auch immer wissender werden, sind Roboter und Computer auch keine allzu große Konkurrenz für die Menschen mehr. Dennoch wird es die verschiedensten Roboter geben. Den humanoiden Roboter, der menschenähnliche Wesensmerkmale besitzt oder den Androiden, die perfekte Kopie des Menschen, mit künstlicher Haut und synthetischen Haaren. Den Lustroboter fürs Bordell, den fühlenden Roboter für schöne Stunden zu Zweit, den Roboter mit Persönlichkeit, der „lebende" Roboter, letztendlich der „liebende" Roboter (solange die künstlich erzeugten Menschen, also die synthetische Art Homo sapiens, diese Roboterarten nicht uninteressant gemacht haben) – für jeden Zweck also einen. Daher auch den Kriegsroboter!

Roboter für den Kriegseinsatz gibt es bereits heute schon. Beispielsweise die Drone. Dronen sind Fluggeräte, die Bomben in ein bestimmtes Gebiet abwerfen können und zwar punktgenau, ohne dass ein menschlicher Pilot in ihnen steckt; das Fluggerät wird durch einen Autopiloten, einem eigens hierfür hergestellten Computer, gelenkt. Alle Funktionen wie Start und Landung, übernimmt dieses Robotergehirn. Zusätzlich wird das Robotergehirn von Video, Infrarot und Radar unterstützt, so dass das Fluggerät zu einer ungefährdeten Kampfmaschine werden kann. In Zukunft müssen wir uns vermehrt darauf einstellen, dass die Militärs immer mehr Roboter einsetzen werden und dass der Trend zu einer Roboterarmee führen kann.

Aber es müssen nicht unbedingt die menschengroßen Roboter sein, es können auch Roboter sein, die wir gar nicht mehr sehen können, so klein werden sie gebaut werden. So klein, wie es auch Viren sind. Die Wissenschaftler arbeiten heute schon daran sie herstellen zu können, diese Superminiroboter. Die Forscher nennen sie „*Nanomaschinen*" (Nano = ein Milliardstel). Diese Nanomaschinen bestehen nur noch aus wenigen Atomen (ein paar hundert bis ein paar Millionen, je nach Aufgabe). In der Medizin eingesetzt könnten sie vielleicht sogar dem Menschen helfen gesund zu werden. Man setzt sie in den Blutkreislauf ein, von wo sie aus zu jeder inneren Stelle des Körpers gelangen können, um ihre Arbeit zu verrichten. Beispielsweise Fettgewebe abzubauen oder bösartige Krebszellen zu entfernen oder auch Knochenbrüche zu reparieren. Nur das technische Problem muß noch gelöst werden, dass man sie auch per Funk (bzw. übers Internet) fernsteuern kann oder sie ein ausgeklügeltes Softwareprogramm haben, welches ihnen genaueste Instruktionen gibt, was sie zu tun haben. Ob es dann allerdings noch Nanomaschinen sein werden, bleibt zweifelhaft, da mit mehr Technik auch mehr Moleküle verwendet werden müssen.

Der Kriegseinsatz von Nanorobotern könnte so aussehen, dass Dronen Hunderttausende oder Millionen von Nanorobotern über ein bestimmtes feindliches Gebiet abwerfen, von wo aus sie alles, was in ihre Nähe kommt, in ihre molekularen und atomaren Bestandteile zerlegen, sprich: füsilieren. Aber was wird dann, nach diesem Einsatz, die Nanoroboter stoppen können? Das Wetter? Oder füsilieren sich die Nanoroboter zum Schluß selbst?

Auch schwärmen so manche Wissenschaftler davon, in einer Sisyphus-Arbeit den Menschen aus Billionen Nanomaschinen selbst nachbauen zu können. Und die Militärs möchten sich auf diesem Wege so ihre eigenen Soldatenroboter herstellen. Während also die Roboter immer biologischer werden sollen, soll der Mensch durch elektronische Implantate immer künstlicher werden. Und in der Armee immer kampfbereiter, um den vermeintlichen Gegnern weit überlegen zu sein. So erhoffen sich die Militärs, dass sie eines Tages die Gehirne von Menschen, insbesondere von kampfeswütigen und intelligenten Subjekten, im Computer einscannen können, um sie dann in Kampfrobotern vervielfältigen zu lassen, damit sie die gleiche Aggressivität haben und dazu das Know-how, um beispielsweise einen Kampfjet fliegen zu können.

Neben dem militärischen Einsatz der Nanoroboter können die Nanomaschinen auch viel Positives leisten. Sie könnten giftigen Müll auflösen und unschädlich machen, ja sogar helfen, die Müllberge der gesamten zivilisierten Gemeinschaft zu entsorgen, selbst Atommüll. Doch bevor man die Nanomaschinen einsetzt, muß man gewiß sein, dass sie nach dieser Arbeit sich selbst auflösen und damit ihr zerstörerisches Werk nicht weiter verrichten. Und an frischer Luft in Mutter Natur sollte man diese Nanos dann auch nicht einsetzen. Sonst könnte es sein, dass ein kräftiger Windstoß diese Nanomaschinen, die so winzig klein wie Viren und damit unsichtbar für das menschliche Auge sind, in bewohnte Gegenden getragen würden und diese damit loslegten, die Menschen, Tiere und Häuser zu füsilieren. Ein beängstigender Gedanke. Auch sollten die Nanomaschinen nur unter strenger Überwachung benutzt werden, in isolierten Räumen. Gar nicht auszudenken, wenn Terroristen oder andere kriminelle Charaktere die Nanoroboter in die Hände bekämen.

Zu den Institutionen der Genlaboratorien gehören die verschiedensten Geldgeber. Primär ist es der Staat. In seiner Vertretung gehören dazu auch die Militärs. Aber auch die Wirtschaft ist ein wichtiger Förderer. Sobald der erste Erfolg sich abzeichnet (oder auch schon vorher) und die Wissenspille zu einem *positiv* getesteten Artikel wird, wird das Militär das gesamte Projekt unter die Geheimhaltungsstufe „*Top Secret*" stellen wollen; denn was hier entwickelt wird, ist nicht ungefährlich und daher militärisch so wertvoll, wie es etwa eine ultrastarke neuentwickelte Atomwaffe ist. Wer zuerst die universelle Wissenspille geschaffen hat, hat die Macht über die Welt in den Händen. Nicht nur eine politische und wirtschaftliche Macht, sondern vor allem auch eine militärische. Und dass das nicht zu hoch hinaus gegriffen ist, will ich Ihnen ja im Laufe des Buches genauer erklären.

Sobald also die Politiker die Möglichkeiten einer Wissenspille (welche man auch Bio-Chip nennen könnte) erkennen und auch deren Auswirkungen und Machtpotential, werden sie alles drangeben, sie schnellstmöglichst herzustellen. Egal wie viele Milliarden Dollar so ein Projekt verschlingen wird. Aber man muß geeignete Wissenschaftler haben und viel Geld, um die vielen Forschungsteams engagieren zu können. So werden die USA, China, Russland und Europa ganz weit vorne in dieser Forschungsdisziplin der Wissensspeicherung liegen, denn sie können ausreichend Geld hierfür zur Verfügung stellen.

Aber auf diesem neuen Terrain haben auch kleinere Staaten die Möglichkeit, als erste zum Erfolg zu kommen, wenn sie das Glück des Tüchtigen besitzen und über einen genialen Menschen in ihrem Land verfügen, der die richtigen Ideen einfach umsetzen kann. Denn es gibt immer mehrere Wege, die zum Erfolg führen. Doch gerade die kleineren Staaten, insbesondere sogenannte Schurkenstaaten, werden leider noch immer von machtbesessenen und skrupellosen Despoten regiert, welche bislang nie vor den fürchterlichsten Grausamkeiten zurückschreckten. Eine durch den irakischen Präsidenten Sadam Hussein entwickelte Wissenspille dürfte direkt zur Bedrohung der gesamten Menschheit werden und schnell zu einem Kriege mit seinen Nachbarstaaten führen.

Mit Recht werden sie jetzt sicher fragen: *„Warum?"*

Der militärische Vorteil wird wahrscheinlich so gravierend sein, dass kaum einem Gegner eine ausreichende Chance zur Gegenwehr bliebe. Bleiben wir erst einmal beim Beispiel der Tiere (es ist nur ein Aspekt). Angenommen, sie würden verschiedene Tiere züchten und dressieren (sie werden es auch tun) und je nach Einsatzgebiet ausselektieren und mit der Wissenspille ausbilden; was bedeutet, die Tiere bekämen militärische Informationen per Wissenspille: beispielsweise einen bestimmten Gegner nach einer bestimmten Methode in einem bestimmten Gebiet innerhalb einer bestimmten Zeit zu töten. Was glauben Sie, was wird eine Armee, die auf einen Kampf gegen Menschen eingerichtet ist, gegen eine Horde wildgewordener Gorillas, Jagdhunde, Raubvögel, Elefanten sowie sonstigen Getiers (je nach Einsatzgebiet) ausrichten können? Nichts! Es wäre sozusagen fast die *perfekte* biologische Waffe!

So etwas ist nicht möglich? Als ich vor cirka zehn Jahren bereits auf die Möglichkeit aufmerksam machte, dass man überhaupt eine Wissenspille herstellen könnte, war man davon auch nicht überzeugt. Und dennoch sind die Wissenschaftler nunmehr eifrig dabei sie zu entwickeln, um sie herstellen zu können. Also glauben sie es ruhig, dass diese biologische Waffe (also das militärisch ausgebildete Tier) entwickelt werden wird, denn alles, was entwickelt werden kann, wird auch von den Menschen entwickelt werden. So war das bisher immer schon. Und wir erleben es gerade ja jetzt in der Gentechnik, wo die ethische Barriere des Klonens von Lebewesen erst vor wenigen Jahren gefallen war, man Schafe und auch andere Tiere klonte, und man nun schon beginnt, den Menschen zu klonen. Und das, ohne dass es schon vor Jahren eine breite durch die Politik unterstützte Diskussion in der Öffentlichkeit über ethische Bedenken gegeben hätte oder dass die Bevölkerung ein Recht auf Einspruch gehabt hätte. Erst jetzt in jüngster Zeit, nachdem das Jahr 2001 zum *„Jahr der Lebenswissenschaften"* erklärt wurde, wird ein öffentliches Interesse geweckt durch diese Themen, weil die

Wissenschaftler so rapide Fortschritte machen, dass man diese kaum mehr verbergen kann und nun den Menschen erklären muß, wohin sie führen. Mit Versprechungen, dass man das Klonen von Menschen nicht zulassen wird und der Behauptung, das die Genforschung gar nicht so gefährlich ist, wie deren Gegner immer wieder behaupten, will man die Bevölkerung auch gleich beschwichtigen, um sie ruhig zu halten. Gleichzeitig werden diesem Forschungsgebiet Gelder in Milliardenhöhe zur Verfügung gestellt, damit sie das schaffen können, was man derzeit öffentlich für „*verboten*" erklärt. Ein Einspruchsrecht hat die Bevölkerung ja eh nicht (eine Volksbefragung wird meistens ausgeschlossen), auch wenn (und wohl gerade deshalb) die meisten Menschen gegen diese Art von Fortschritt sind. Grundsätzlich zählt nur der Wille der Staatsführung und der Wissenschaft. Und beide sind immer bereit das Unmögliche machbar zu machen, auch wenn es nicht gerade zum Vorteil der Menschheit ist. Und nichts ist heutzutage mehr zu phantastisch und zu utopisch, als dass es sich nicht in absehbarer Zeit doch verwirklichen ließe.

Aus diesem Grunde, weil der Mensch immer macht, was machbar ist, wird man eines Tages auch die Tiere, wie beispielsweise den Menschenaffen, zu Befehlsempfängern mit Hilfe der Wissenspille ausbilden. Und je besser man sich mit ihnen verständigen und unterhalten kann (was ja auch ein alter Menschheitstraum ist) und je besser sie durch die Wissenspille in ihren Aufgabengebieten ausgebildet werden, umso besser sind sie einzusetzen, eben halt auch als militärische Waffe.

Es gibt aber nicht nur die böse bedrohliche Seite durch die Militärs, von wo aus seit je her das größte Potential an Vernichtung für die Menschheit ausgeht, es gibt auch die positiven Wissensgebiete, wo man wirklich zum Nutzen der Menschen die Wissenspille einsetzen kann, beispielsweise im Tierbereich bei der Erforschung der Meere, speziell in ihren größten Tiefen, wo Menschen bislang noch immer nicht ausreichend hinkommen.

Die Wissenspille als unentbehrlicher Helfer in der Medizin oder im Gesundheitsprogramm einer Nation könnte sogar für die Menschen viele positive Neuerungen beschleunigen. Am interessantesten sind natürlich diejenigen Projekte, die viele Menschen betreffen. Im Pharmabereich bedeutet das beispielsweise, ein absolutes Topmittel zu finden gegen Kopf- und andere Schmerzen sowie gegen Schlaflosigkeit (selbstverständlich ohne

Nebenwirkungen). Mittel gegen Volkskrankheiten wie Aids, Krebs, Herzinfarkt, Schlaganfall und so weiter sollten ebenso mit Hilfe der Wissenspille baldmöglichst gefunden werden. Man wird neue Stoffe erfinden, die andere – gefährliche – ersetzen.

Die Milliarden Raucher auf der Erde werden dann zwei Möglichkeiten haben. Entweder nehmen sie eine Antiraucherpille, damit sie nie wieder eine Zigarette anfassen wollen oder sie rauchen künstlichen Tabak, der genauso aussieht, riecht und schmeckt wie der natürliche, aber ganz ohne Nebenwirkungen ist. Was bedeutet, er ist nicht gesundheitsschädlich und hinterlässt auch keinen Teer im Körper und erzeugt keinen Krebs. Der künstliche Tabak beschert daher den Tabakkonzernen enorme Gewinne und sie haben keine Klagen mehr zu fürchten wegen Gesundheitsschädigung durch gesundheitsgefährdende Tabaksorten. Diese Sucht (für mich als Nichtraucher eh suspekt) kann dann den Menschen ein reines Vergnügen sein.

Da andere Suchtstoffe auch ein gutes Geschäft versprechen, nämlich Alkohol und Drogen, werden die Wissenschaftler auch hier nach nicht gesundheitsgefährdenden Ersatzstoffen suchen, die man der Bevölkerung verkaufen kann. Das hätte immerhin auch den positiven Nebeneffekt, dass die Drogenkriminalität rasant abnähme und es kaum noch Drogentote gäbe. Das wäre auch vermutlich das Ende der Drogenmafia, die aber als Genom-Mafia Auferstehung feiern könnte. Und der künstliche Alkohol, der weder die Leber zerstört noch süchtig macht, würde viele Menschen fit und arbeitsfähig halten, aber dennoch ihnen eine gute Partydroge sein. Insbesondere die Krankenkassen werden dies unterstützen wollen, damit ihnen eine große finanzielle Last genommen wird, welche durch die Kosten entstehen, die der Alkoholmissbrauch und die Drogensucht verursacht. Positiv dann für die Allgemeinheit auch, dass die Krankenkassenbeiträge gesenkt werden könnten.

Auch in der Bauwirtschaft wird es weitreichende Veränderungen geben. Das betrifft nicht nur die Materialien, sondern die ganze Art des Bauens. Es ist darauf ausgerichtet, einer steigenden Bevölkerungszahl schnell und preiswert größtmöglichen und sicheren Wohnkomfort zu bieten.

So wird man vielleicht Schalenwohnungen in Modulbautechnik aufstellen, die im einzelnen aussehen wie das Facettenauge einer Fliege, welches aber vom Baustoff her (biologische Kunstfaser) absolut fest und solide ist und damit auch erdbeben- und sturmsicher, was zukünftig immer wichtiger werden wird. Es sorgt dazu innen für ein geeignetes Raumklima und ist zudem energiesparend, da es die Sonnenenergie nutzt. Pluspunkte macht es auch in anderen Bereichen, da es bestens schall- und wärmeisoliert ist und auch Regen- und Kondenswasser ansammelt, um es für den Hausgebrauch bereitzustellen. Dazu ist es geräumig und wohnlich und man kann die Innenwände jederzeit frei nach Wunsch verstellen und individuell anpassen. Auch das Errichten der Schalenwohnungen ist einfach, da es sich um industriell vorgefertigte synthetische Materialien handelt.

Elektrische Leitungen gibt es möglicherweise so gut wie gar nicht mehr. Die technischen Geräte erhalten ihre Energie per Funk (Laser) über einen im All stationierten Stromsatelliten, der wiederum sich durch Sonnenenergie speist. Auch werden keine Abwässerkanäle im Haus der Zukunft vonnöten sein. Die Toilette, aus ultraglattem Porzellan, an der nichts mehr haften bleibt, wird mit einem Hochdruckgerät gereinigt statt mit Wasser, wobei die Fäkalien in einem kleinen Behälter (die Größe des Behälters entsprechend der Anzahl Personen im Haushalt) gesammelt und dort mit einem Ultraschallverfahren weitgehend aufgelöst werden. Den Rest übernehmen speziell hierfür produzierte Nanoroboter. Das, was übrig bleibt und sich ansammelt, ist ein energiereicher Staub, der nicht weggeworfen zu werden braucht, sondern mit einer Flüssigkeit versehen zu einer Brennzelle aktiviert werden kann, woraus sich wieder Energie gewinnen lässt. Das gleiche geschieht im übrigen auch mit dem üblichen Hausmüll. Zwar braucht man noch Wasserleitungen für die Körperpflege und das tägliche Bad, doch bedarf es hier keiner teuren fest verlegten Wasserzu-(und ab)eitungen mehr.

Fazit ist: Zukünftige Gesellschaften brauchen keine teuren Kanalisationen mehr zu unterhalten oder einen aufwendigen und teuren sowie reparaturanfälligen Hausbau zu betreiben. Man schlägt dann auch keine Nägel mehr in die Wand, sondern haftet beispielsweise Bilder oder Regale mit einem Spezialkleber an die Wände, der selbst schwersten Belastungen standhalten wird, aber dennoch bei Bedarf mit einem Lösungsmittel leicht entfernt werden kann (im Automobilbau werden Superkleber bereits verwendet und Autos nicht mehr geschweißt, sondern immer mehr geklebt). Nicht alle Menschen jedoch werden in den Genuß, der modernen und relativ preiswerten (im Vergleich zum klassischen Wohnungsbau)

Komfortwohnungen kommen. Immer mehr Menschen werden bei einer steigenden Überbevölkerung gar keine Wohnungen mehr bekommen, da nur noch wohlhabende Einzelpersonen und Staaten sich überhaupt den Luxus von neuen Wohnungen leisten können. Die Staaten, die den Anschluß an den Fortschritt nicht rechtzeitig geschafft haben, d. h. sie kamen nicht in den Genuß eine Wissenspille einsetzen zu können, werden immer ärmer, und damit auch ihre Bürger, und sie vermögen somit gar keinen modernen Hausbau mehr zu finanzieren, sie sind schlicht bankrott, überschuldet, pleite, handlungsunfähig und total verarmt.

Dann aber werden sie von anderen Staaten aufgekauft, gegebenenfalls, wenn es ganz hart kommt (beispielsweise wenn sie ihre Auslandsschulden nicht mehr tilgen können oder ihre Probleme nicht innerhalb ihrer Grenzen halt machen und auf die Nachbarländer übergreifen), von den Nachbarstaaten okkupiert werden. Möglicherweise wird es darauf hinauslaufen, dass es am Ende nur noch große Staatenblöcke geben wird, vielleicht zum Schluß hin nur noch vier, die noch miteinander - oder gegeneinander - konkurrieren werden. Die europäischen Staaten formieren sich ja auch schon seit Jahren - in einem langen Feldversuch - zu einem einzigen Staatenverbund. Die vier Blöcke könnten daher China, USA, Europa und Russland sein.

Wissenschaft und Umwelt

Mit der Wissenspille haben wir die Chance, unsere Umweltprobleme schneller in den Griff zu bekommen. Und gerade hier ist Eile geboten. Der Eingriff des Menschen in die Natur hat zwar selten Positives bewirkt, lag das aber bisher daran, dass er die Komplexität und die unübersehbare Vielzahl der Zusammenhänge nicht verstanden hat. Es ist wie in einem großen Räderwerk, bewegt man irgendwo ein kleines Rädchen, dann bewegt man anderenorts etwas mit, auch wenn man es nicht sofort erkennt. Je mehr man aber von diesen Zusammenhängen versteht, umso genauer kann man das Räderwerk beeinflussen und es sich zunutze machen. Viele Biologen, Chemiker, Physiker u. a. sind bereits heute schon der Einbildung erlegen und der Ansicht, dass sie die Zusammenhänge verstehen, doch in Wahrheit sind sie noch ein gutes Stückchen davon entfernt. So können sie auch noch nicht die Konsequenzen absehen, wenn sie genmanipulierte Pflanzen, Tiere und andere Organismen (Viren) in die Natur freisetzen, wo sie als biologischer *„Schadstoff"* viel Unheil anrichten können. Da man offenbar Genbauteile beliebig miteinander kombinieren kann (Tiergene werden in Pflanzen eingebaut, Menschengene in Tiere etc.), besteht auch die Gefahr, beispielsweise beim Verzehr von gentechnisch behandelten Lebensmitteln, dass Gene von Tieren - oder von Pflanzen - in uns einen Wirtsträger finden, wo sie sich ungehindert bei der Zellteilung vermehren können und unser eigenes Erbgut abändern, so dass wir oder vielleicht erst unsere Kinder oder sogar erst unsere Enkel und Urenkel biologische Schäden im Körper davontragen. Es gibt zwar zuerst Tests in Laboratorien und dann im Freiland, wo diese neue Genetik auf Gefährlichkeit, bzw. auf Ungefährlichkeit getestet wird. Stellt sich nun heraus, dass man erst mal keine Gefährdung kurzfristig feststellen kann, dann wird das Produkt für den Markt freigegeben. Sollte sich jedoch eine Gefährdung ergeben, soll das Produkt zurückgezogen werden (eine Garantie gibt es hierfür aber nicht). Hier kann es nun sein, gerade im Freilandversuch, dass genetisch veränderte Stoffe bereits beim Unbedenklichkeitstest auf andere Träger überspringen und die Umwelt biologisch *„verschmutzen"*, wo sie eine Gefahr für Fauna und Flora werden können. Im schlimmsten Fall kann es zu irreversiblen Schäden kommen und die schadhaften - bzw. schädigenden - Populationen könnten sich explosionsartig ausbreiten, über alle Landesgrenzen hinweg. Das könnte beim Eingriff in die Erbsubstanz sogar so weit gehen, dass der genetische Code für jede weitere Entwicklung unterbrochen wird und dass der evolutionäre Prozeß dieser Spezie nicht mehr weiter führt, weil er sich nicht notwendigerweise an veränderte Umweltbedingungen anpassen kann. Der rasante Fortschritt führt also zu mehr Umweltbelastungen. Nehmen wir als Beispiel die Chemikalien. Jede einzelne Chemikalie, die neu auf den Markt kommt, muß zuvor viele Tests durchstehen, um ihren Einfluß auf die Umwelt erkennen zu lassen. Es werden die einzelnen Chemikalien aber nur isoliert geprüft. Sie müssten aber auch der Sicherheit wegen in Verbund mit anderen Chemikalien getestet werden, mit denen sie in Berührung kommen können. Dann wären aber nicht nur ein paar hundert oder ein paar tausend Tests notwendig, sondern viele tausende. Ein undurchführbares Unternehmen. So gelangen Chemikalien in den Umlauf, die zwar im einzelnen getestet sind, von denen wir aber nicht wissen, was passiert, wenn die unterschiedlichsten von ihnen aufeinandertreffen, beispielsweise auf einer Sondermülldeponie. Aber auch mit den von Menschenhand geänderten Erbgut von Tieren und Pflanzen haben die Wissenschaftler bisher nie ausreichend getestet, was passiert, wenn das Erbgut einer Pflanze auf eine andere Pflanze überspringt oder von einer Pflanze auf ein Tier oder von einem Tier wiederum auf eine Pflanze und nach dem Verzehr von Pflanze und Tier auf den Menschen. Welche Genmutationen wird uns die Wissenschaft (gewollt – und ungewollterweise) präsentieren? Die gegen alles resistente Malariamücke? Ameisen so groß wie Heuschrecken? Menschen mit der doppelten Anzahl an Füßen und Händen und mit Köpfen, die so exorbitant wie Kürbisse sind?

Die Vermischung von in Labors hergestellten Transgenen, die in freier Natur agieren, könnten zu einem weiteren Problemfall für die Biosphäre werden und (beispielsweise) das Aussterben von Pflanzen beschleunigen. Die Genindustrie sammelt deshalb schon die Samen der vom Aussterben bedrohten Pflanzen (insbesondere bereits seltener Pflanzen), um eine spezielle Gendatenbank entstehen zu lassen. Es ist aber auch eine wirtschaftliche Investition in deren Zukunft. Wenn nämlich eines Tages die Pflanzen ausgestorben sind und man kann sie mittels der letzten Samenkörner wieder reanimieren sich weiter fortzupflanzen, dann sind diese Samenkörner so wertvoll wie Diamanten. Es könnte daher sein, dass - wie einst mal das Goldfieber - nun ein Pflanzensamenfieber über einige

Menschen hereinbricht, die versuchen werden, von Pflanzen, die vom Aussterben bedroht sind, deren letzten Samenkörner zu ergattern (die ersten Sammler sind bereits im Auftrag von Biotechfirmen unterwegs), was deren Aussterbungsprozeß natürlich erheblich beschleunigen wird, und sie werden diese Samenkörner zu hohen Preisen an Gentechfirmen verkaufen. Denkbar wäre auch, dass in krimineller Art und Weise seltene Pflanzenarten extra zum Aussterben gebracht werden, um schneller die Samen vermarkten zu können. Die Biotechfirmen, die Saatgut sammeln, werden aber nicht nur gewillt sein, die Pflanzen wieder neu in die Natur zu integrieren (wer will das auch bezahlen?), sondern sie wollen den genetischen Code der Pflanze knacken, um diesen wirtschaftlich nutzen zu können. Und da sie vermutlich die einzigen sind, die noch diese speziellen Pflanzenreste haben, haben sie nun hierfür auch ein globales Monopol.

Eine ökologisch-grüne Politik wird deshalb eines Tages dazu führen (führen müssen), zumindest dann, wenn die Bevölkerungsexplosion nicht eingedämmt werden kann, dass die freie Natur zum Schutz der Artenvielfalt von Fauna und Flora, als Reservate abgegrenzt und eingeschlossen werden. Das bedeutet aber auch, dass der Mensch von dem Erleben der freien Natur ausgeschlossen wird und er sich nur noch in Städten und stadtähnlichen Gebieten aufhalten darf. Es werden zwar für ihn Naturreservate freigehalten, worin er sich bewegen darf, aber aufgrund der Masse der Menschen, die sich mit diesem Fleckchen Natur begnügen müssen, geht es dort zu wie auf einem Rummelplatz. Ruhe und Besinnung in stiller Natur zu finden, wird kaum mehr möglich sein. Und auch das Meer wird für ihn tabu werden. Die Verschmutzung der Meere ist inzwischen soweit fortgeschritten, dass man sie nunmehr nur noch als Kloake bezeichnen kann. Schiffs- und Bohrinselunglücke, die Millionen Tonnen Öl ins Meerwasser fließen lassen, sind oft nur der sichtbare Teil dessen, was an Verschmutzung dieses Ökofreilandes und Naturparadieses (das ja für uns auch ein Lebensmittellieferant ist) angetan wird. Chemikalien werden zudem nach wie vor ins Meer verklappt. Die gentechnisch veränderten – zuvor einst natürlichen - Substanzen, beispielsweise die von Lebensmitteln, gelangen über die Ausscheidungen des Menschen (und der Tiere) ins Grundwasser und auf dem Wasserwege (Kanalisation, Flüsse) wiederum ins Meer, wo sie von den Fischen und den Unterwasserpflanzen (beispielsweise den Algen) aufgenommen werden. Man muß dann eines Tages nicht nur das Meer vor den Menschen schützen, sondern den Menschen auch vor dem (umweltverschmutzten und hochbelasteten) Meer. Der Ozean ist dann nur noch Transportweg und Naturschutzgebiet für Fauna und Flora – ohne den Menschen. Und Urlaub an den Meeresküsten wird es dann auch nicht mehr geben, jedenfalls nicht mehr für den normal sterblichen Bürger, der sich das finanziell gar nicht mehr leisten kann. Die Küsten werden dann nur noch wenige Millionäre und Multimillionäre besiedeln. Um auch die letzten Naturreservate retten zu können, müssten die Staaten sogar dann zu einem noch drastischeren Mittel greifen – der Ökodiktatur.

Seit Jahren und Jahrzehnten mahnen Ökologen und Naturschützer, sorgfältiger mit der Natur und mit den Rohstoff-Ressourcen umzugehen. Viele Bücher sind hierzu schon geschrieben worden, viel wurde auch geredet, auch hin und wieder wurde für mehr Umweltschutz demonstriert, aber getan wurde wenig im Vergleich zu dem, was hätte getan werden müssen. Aber im Fortschrittswahn werden die Ökologen und Naturschützer noch immer von einem Großteil der Bevölkerung müde belächelt. Dass sie die erste Welle der hereinbrechende Katastrophe, die jedes zivilisierte Leben auszulöschen vermag, nicht sehen, liegt wohl daran, dass sie nicht vor die Türe schauen wollen, weil sie schon ahnen, was der Welt bevorsteht, aber sie es nicht wahrhaben wollen, solange es ihnen noch einigermaßen gut geht. Denn sie glauben, ändern können sie ja doch nichts. Darum kann es auch nicht mehr allzu lange dauern, bis die Katastrophe über die Menschheit hereinbricht. Die ersten Ausläufer haben uns schon erreicht. Millionenfach müssen verseuchte Tiere getötet werden; Notstandsgesetze werden in Kraft gesetzt, damit ganze Landstriche wegen der Tierseuchen in Quarantäne gestellt und abgeriegelt werden können. Nahrungsmittel werden knapper werden und die Lebensmittelkosten steigen an. Krankheiten und Seuchen können aber nun auch unter den Menschen ausbrechen. Geschieht dies, müssen sie dann unter Hausarrest gestellt werden. Im schlimmsten Falle werden die erkrankten Menschen getötet (man nennt das dann aktive Sterbehilfe) und verbrannt (eingeäschert), so wie man es dieses Jahr bereits mit den Rindern, Schweinen und Schafen machte, um die Tierseuchen einzudämmen. In Holland wurde dieses Jahr schon für die Menschen ein Sterbehilfegesetz verabschiedet. Der erste Bann hierzu ist also gebrochen.

Früher sind die Wanderprediger in alle Weltteile gereist, um ihr „*Evangelium*" zu predigen. Das war ihnen wichtig genug, jede nur erdenkliche Strapaze auf sich zu nehmen. Wann werden diese Kirchenleut` (und nicht nur diese) endlich in allen Weltteilen ausströmen um die Menschen dort zu mahnen, sorgfältiger mit der Natur umzugehen (selbst in den ärmsten und abgeschiedensten Regionen)? Ist diese Strapaze auf sich zu nehmen nicht noch viel wichtiger? Aber ein Ermahnen allein wird nicht ausreichen. Man muß auch die (sozialen) Bedingungen schaffen, die es ermöglichen, sorgsam mit Natur und Umwelt umgehen zu können.

Durch die menschengemachten Umweltveränderungen wird es nämlich immer mehr und immer stärkere Wetterschwankungen auf unserem Globus geben. Es gibt Gebiete, in denen werden Rekord-Minustemperaturen im Winter gemessen, in anderen Regionen werden dagegen immer höhere Sommertemperaturen entdeckt, die von immer länger anhaltenden Trockenperioden begleitet werden. Große Seen dörren aus und die Wüste trägt ihren Sand immer weiter fort. Andere Regionen dagegen ertrinken geradezu im Regen und im schmelzenden Eiswasser aus den Gebirgshöhen. Dazu kommen noch rasende Stürme, starke Gewitter und heftige Hagelschauer mit großen Körnern (selbst in Sommermonaten), die die Ernte vernichten. Bei Überschwemmungen können viele in Kellern gelagerte Umweltgifte wie Altöl und Chemikalien (auch biologische und chemische Kampfstoffe aus militärischen Lagern) in die Umwelt gelangen und das Ökosystem verseuchen. Als Folge daraus würde das Meerwasser vergiftet werden, wodurch die Fische und die Wasserpflanzen elendig zugrunde gingen. Die Naturschäden sind so gewaltig (und von Jahr zu Jahr werden meist immer wieder dieselben Regionen von Unwettern heimgesucht), dass das Land und das Meer immer unbewohnbarer und fruchtloser wird – für Mensch und Tier. Heuschreckenschwärme und andere Insekten geben der angeschlagenen Pflanzennatur den Rest, bis dann schließlich ödes Brachland zurückbleibt. Der zunehmenden Weltbevölkerung wird immer weniger Anbaugebiet für Nahrungsmittel zur Verfügung stehen. Daraus resultierend wird es weltweit Kämpfe um Nahrungsmittel geben, insbesondere um das lebensnotwendige Wasser. Es ist aber nicht so, als hätte man uns Menschen nicht davor gewarnt. Seit vielen Jahren drängen Umweltverbände die Menschen, ihren Lebensstil zu ändern.

Die Umweltveränderungen führen zur Landflucht und Landflucht führt zur Verstädterung - und dies wiederum zur Naturentfremdung des Menschen. Der entfremdete Stadtmensch entwickelt keine Beziehung mehr zur Umwelt und zur Natur, ihm ist Umweltverschmutzung nichts Verständliches mehr, eher etwas Fernes, da ihm der Naturinstinkt verloren gegangen ist. Vor allen den Politikern. Die USA, mit ihrem neuen Präsidenten George W. Bush, lehnten dieses Jahr (2001) das internationale Klimaschutzprogramm von Kyoto ab, zugunsten ihrer eigenen Industrie und damit zur Vergrößerung des Bruttosozialprodukts ihres Staates. Obwohl die Wissenschaftler mahnten, die Welt sei am Scheidegrund angelangt und ein globaler Klimaschutz sei nun dringend notwendig. Wirklich erst jetzt?

Früher schon, bereits vor Jahren hieß es doch bereits, es ist fünf vor zwölf und wir Menschen müssen nun alle unseren Lebensstil ändern, ansonsten würde die Menschheit bald vor einem großen Abgrund stehen. Nun ist seitdem viel Zeit vergangen, ohne dass die Menschen sich besonnen hätten. Änderungen gab es zwar vereinzelt, aber hauptsächlich nur auf lokaler Ebene. Man kann also jetzt sagen, es ist nicht mehr fünf vor zwölf, es ist schon weit nach zwölf. Und die Menschheit, das ist festzuhalten, hat dabei auch nicht vor dem Abgrund gestanden. Nein, sie ist darüber hinaus gegangen. Sie ist nicht stehen geblieben und hat sich eines Besseren belehren lassen – und nun ist sie im freien Fall. Und das Schlimme daran ist, sie hat es noch nicht einmal bemerkt, weil sie noch viel zu sehr mit sich selbst beschäftigt ist: die einen Menschen mit ihrem Existenzkampf und die anderen Menschen mit ihren Eitelkeiten.

Aber die ökologischen Bedingungen sind auch vielerorts von ökonomischen und politischen Bedingungen abhängig. Eine weise Regierung wird daher dafür sorgen, dass die ökonomischen und politischen Übereinkünfte die Ökologie fördert, denn nur in einer gesunden Umwelt, wird es sich auch lohnen zu regieren und zu wirtschaften. Doch wie lange werden die Menschen noch warten müssen, bis sie diese weisen Regierungen haben?

Wir können gewiß sein, dass die Wissenschaften, die im Bereich des Umweltschutzes tätig sind, alles Mögliche daran setzen werden, mit Hilfe der Wissenspille, schnellstmöglich der Natur wieder auf die Sprünge zu helfen: zu Wasser, zu Lande und in der Luft. Sofern sie die Unterstützung der Politik und der Wirtschaft erhalten, auch in finanzieller Hinsicht.

Die größte Umweltgefahr geht derzeit vom Abholzen der Wälder aus, insbesondere der Regenwälder.

Die Bäume erzeugen für uns Menschen den nötigen Sauerstoff, welchen wir zum Leben brauchen. Und die Erde bedarf eines bestimmten Sauerstoffvolumens, um allen Menschen und Lebewesen genügend frischen Sauerstoff zum Leben geben zu können. Sinkt der Sauerstoffpegel, d. h. das Volumen, unter eine bestimmte Grenze ab, ist es nicht mehr menschenmöglich rechtzeitig diesen Verlust auszugleichen. Ab diesem Stadium wird sich der Sauerstoffverlust erheblich beschleunigen und zuletzt bleibt nur noch eine dünne giftige Gaswolke übrig, bei der die Menschen und die Tiere keine Überlebenschance mehr haben. Doch vorher schon, bevor das Sauerstoffvolumen auf der Erde sich dem Ende neigt, viel früher sogar, wird die Qualität des Sauerstoffgehaltes durch Verunreinigung so stark vermindert werden, daß in der ersten Phase die Menschen daran schwer erkranken und in der zweiten Phase sich vergiften und in der dritten (und damit letzten) Phase die restlichen überlebenden Menschen hieran ersticken werden. Bereits heute ist die Luft in den großen Millionenstädten wie Kairo oder Mexico City unerträglich verunreinigt und kaum mehr gesundheitsunschädlich atembar.

Selbst wenn man nun bei Eintritt eines bevorstehenden Stadiums der Sauerstoffvergiftung ganz schnell doppelt so viele Bäume anpflanzen könnte, als zuvor abgeholzt wurden, würde es nicht mehr möglich sein, das vorhandene Sauerstoffvolumen zu vergrößern und zu reinigen, da die Bäume zu viel Zeit bräuchten (nämlich Jahre), bis sie ausreichend atembaren und sauberen Sauerstoff produzieren würden. Dem steht auch das Problem entgegen, dass es immer mehr Menschen geben wird, die Sauerstoff verbrauchen werden und schädliche Stoffe und Gase (Methangas beispielsweise) in die Luft ausstoßen. Doch wie geht eigentlich die Sauerstoffproduktion vonstatten? Mittels Photosynthese wird das in den Blättern enthaltene Chlorophyll (das ist der Farbstoff, der sie grün werden lässt), mit Hilfe von Wasser und Kohlendioxid, in für sie lebenswichtigen Zuckerstoff umgesetzt. Das *„Abfallprodukt"* dieses Vorgangs ist unsere Atmosphäre (also Luft bzw. Sauerstoff). Und wir Menschen wiederum atmen das Kohlendioxid aus, welches die Pflanzen für ihre Photosynthese brauchen. So ist dieser Prozeß ein Geben und Nehmen zwischen Pflanzen und Menschen. Aber die

Pflanzen, insbesondere die Bäume, brauchen dazu noch nährstoffreichen Boden.

Jedoch kommt zum Verlust der Regenwälder, auch noch das Problem der Bodenerosion hinzu. Denn dort, wo die Wälder abgeholzt wurden, wird sich keine Humusschicht mehr halten können. Und wo keine Humusschicht mehr ist, werden Bäume auch nicht wachsen wollen. Und dort, wo keine Bäume mehr wachsen, wird sich auch kein Sauerstoff produzieren lassen.

Wir müssen daher heute schon dafür sorgen, dass, wer einen Baum fällt, er hierfür zwei neue Bäume anpflanzen muß. Das wäre eine Maßnahme, die sich problemlos per Gesetz durchsetzen ließe. Die Erde braucht zudem ein ausgedehntes staatliches internationales Aufforstungsprogramm, an dem sich alle Länder beteiligen müssten.

Es ist zwar durchaus denkbar, dass die Wissenschaftler eines Tages eine Technik bereitstellen könnten, Sauerstoff in großen Mengen industriell herzustellen, angesichts aber des benötigten Volumens für vielleicht 20 Milliarden Menschen, in 50 oder 100 Jahren, dürfte das aber nur eine kleine Luftblase sein.

Wenn wir also heute davon ausgehen können, dass wir in Zukunft auf der Erde so viele Menschen haben werden, dann müssen wir jetzt umgehend die Weichen dafür stellen, dass wir dann auch genügend Bäume auf der Erde besitzen. Ansonsten werden wir, sofern wir das noch erleben (unsere Kinder womöglich schon), elendig an giftigen Gasen und am Sauerstoffmangel ersticken. Weltweit ein milliardenfacher Tod.

Mit Sicherheit kann sich jeder das Horrorszenario ausmalen, wenn eines Tages die Wissenschaftler sagen: *„In vier Jahren ist der Sauerstoffvorrat der Erde verbraucht. In zwei Jahren ist mit tödlicher Gasbildung auch in unteren Atmosphärenschichten zu rechnen. Das Ozonloch hat sich zudem über den ganzen Erdball ausgebreitet. Die gefährlichen Sonnenstrahlen kommen nun ungehindert auf die Erde. Es wird weltweit Missernten geben, da die Sonne die Ernte verbrennt. Dadurch stehen nur noch einem Teil der Erdbevölkerung Lebensmittel zu Verfügung. Das Hautkrebsrisiko ist auf mehr als das Tausendfache angestiegen. Die Erde erwärmt sich zudem um mehrere Grade, das bringt die Polkappen aus Eis zum Schmelzen. Es muß daher mit großen Überschwemmungen gerechnet werden, bei der selbst Millionenstädte im Meer versinken können. Höher gelegene Regionen müssen sich auf viele Millionen Klimaflüchtlinge einstellen.....".* Und so weiter.

Vermutlich würde es darauf hinauslaufen, dass die meisten Menschen von den Regierungen nach Einführung von Notstandsgesetzen exekutiert werden würden (es wären mehrere Milliarden Menschen), um einer kleinen Elite von Menschen noch eine Überlebenschance zu bieten (Arche Noah – Prinzip); auf die Hoffnung hin, dass sich so eines Tages die Umwelt wieder erholt. Humanität und Hilfsbereitschaft wird dann keine Rolle mehr spielen. Der Sensenmann wird somit zum König der Welt erklärt.

Denkbar wäre auch, dass nach Eintritt dieser Nachricht ein atomarer Weltkrieg losbricht. Wenn nicht, würden exzessive Plünderungen, Morde, Vergewaltigungen und Brandschatzungen die Welt innerhalb weniger Tage ins totale apokalyptische Chaos versinken lassen.

Wer das jetzt mit dem bevorstehenden Sauerstoffmangel nicht glaubt, sollte umgehend mal die Wissenschaftler fragen, was sie hier errechnet haben, sprich: wie viel Wald braucht ein Mensch? Wie viele Bäume brauchen 5, 10 oder 20 Milliarden Menschen? Und wie viele Bäume haben wir derzeit? Und wie viele Bäume weniger haben wir in 5, 10 oder 20 Jahren, da das Abholzen der Wälder weltweit noch immer nicht beendet wurde? Ja, wie viele Bäume müssten heute angepflanzt werden, um dieser sich anbahnenden Katastrophe entkommen zu können?

Eine Studie besagt, dass es nur noch schätzungsweise 30 Jahre sind, bis aller Wald vernichtet ist, in manchen Regionen schon viel früher. Wenn nicht wir selbst, so werden es aber dennoch unsere Kinder miterleben müssen.

Die Anzahl der Wälder und der Umfang des bestehenden Baumbestandes auf der Erde lassen sich bereits heute dank moderner Weltraumtechnik gut abschätzen und die des derzeitig vorhandenen Sauerstoffvolumens auch. Zudem lässt sich errechnen, wie viel Sauerstoff die Menschen zur Zeit täglich verbrauchen und was sie in Zukunft verbrauchen würden, wenn die Anzahl der Menschen auf der Erde sich verdoppeln oder verdreifachen würden.

Zudem würden auch auf der Erde dann mehr Tiere leben, die den Menschen als Nahrungsmittel dienen sollen und für die würden Wälder und Kornfelder als Weidegebiet zum Opfer fallen, zudem würden viele Hunderttausende Autos mehr auf den Straßen fahren. Aber auch diese verbrauchen wiederum Sauerstoff und produzieren Abgase (Kohlendioxid - CO_2, durch Verbrennungsmotoren, Methangas - CH_4, durch die Gärungsprozesse in den Mägen der Tiere).

Also Leute, geht hin und fragt die Wissenschaftler wie ernst die Lage bereits jetzt ist! Und:

Pflanzt Bäume!

Bäume, Bäume, Bäume!

Wissenschaft und Erbgut

Im Jahre 2000/2001, also erst in jüngster Zeit, hat man den genomischen Code des menschlichen Erbguts entschlüsselt und eine Genkarte vom Menschen erstellt. Man nennt diesen wissenschaftlichen Erfolg den *Beginn einer neuen Schöpfungsgeschichte* und den Menschen - in aller übertriebener Eitelkeit - nunmehr ein *offenes Buch*, wobei das, was der Mensch in den Augen der Wissenschaftler sein soll, in ihrem neugeschaffenen *Lexikon der Gene* nun niedergeschrieben steht. Die Gene (von den Wissenschaftlern auf schätzungsweise 26.000 bis 40.000 analysiert) sind die Baupläne für das Baumaterial – die Proteine.

Proteine bestehen aus Aminosäuren (sie sind die Bausteine der Eiweiße), deren kodierte Aufeinanderfolge und Aneinanderreihung von den Genen bestimmt werden, welche ihre räumliche Struktur beeinflussen und damit die Eigenschaften festlegen, mit denen sie dann ausgestattet sind. Und diese steuern wiederum die Funktionen der Zellen. Insofern haben die Gene die Aufgabe, Träger der Erbinformationen zu sein und die Anleitung zur Herstellung von Proteinen (Eiweißen) und Enzymen zu geben. Sie bilden das Grundgerüst für jede Zelle, und die lebenswichtigen Komponenten der Organe, die alle chemischen Prozesse im Körper steuern. Jeder Zellkern enthält dabei 23 Chromosomenpaare, in welcher das Erbgut beider Elternteile gespeichert ist, und dabei enthält jedes Chromosom wiederum die DNS-Moleküle in Form einer gedrehten Doppelhelix. Die Gene sind dabei die Abschnitte der DNS-Doppelhelix, die wie Perlen einer Kette auf den Chromosomen angeordnet sind. Nunmehr sind die Wissenschaftler dabei, die Struktur der Proteine herauszufinden und zu analysieren, um mit Hilfe der Gen-Baupläne den Menschen, wie auch später jedes andere Lebewesen (wie auch die Pflanzenwelt), nachbauen zu können. Das Ganze soll einmal im Baukastensystem wahlweise mit natürlicher oder mit synthetischer DNS (der künstlich nachgebauten Doppelhelix) erfolgen, womit die Natur künstlich neu produziert und industrialisiert werden soll. Und die Verbreitung der neuen „*künstlichen*" Natur wird damit im nächsten Zuge imperialisiert, d. h. über alle Grenzen hinweg exportiert (sowohl der nationalen, wie auch der religiösen und der ethischen). Es setzt aber voraus, dass alle Erbinformationen bereits in den Genen stecken, womit sie von außen, also durch äußere Lebenseinflüsse, eigentlich nicht geändert werden können. Die große

Anpassungsfähigkeit des Menschen lässt aber den Rückschluß zu, dass äußere Lebenseinflüsse zu Änderungen in den Erbeigenschaften führen können. Erste wissenschaftliche Erkenntnisse gibt es bereits hierzu und belegen diese Ansicht. Daraus resultiert eine große Gefahr für die Technik der Reproduktionsmedizin, da bei geklonten Menschen und Tieren das Funktionsprinzip, auf äußere Lebenseinflüsse zu reagieren und die Erbinformationen anzupassen, ausgeschaltet wird.

Die natürliche Fortpflanzung ist notwendig, da sie die Population des Menschen vor einer genetischen Verschlechterung schützt und zugleich eine verbesserte genetische Ausstattung fördert, damit der Mensch sich an seine Umwelt anpassen kann. Klonen unterbricht dies, da hier nur die DNS des Spenders weitergegeben wird. Zudem wird der Faktor *Sex*, ein Grundprinzip der Natur zur Fortpflanzungsmechanik, abgeschafft. Gleichsam dazu auch die *Liebe* zwischen den Menschen, allenfalls bleibt sie noch als platonische Spielart übrig. Eine Welt ohne sich liebende Wesen, ist aber eine kalte, tote und mechanische Welt, ja die Welt wird zu einem roboterhaften Kosmos, und damit zu einer leeren Steinwüste, dem wohl dann das Größte fehlen wird – der Mensch mit seinem romantischen Gefühl der Liebe.

Für die Produktion von Proteinen haben die Wissenschaftler bereits in vielen Ländern Proteinfabriken errichtet, in denen sie mit der Massenproduktion von Aminosäuren inzwischen begonnen haben. Proteine sind wichtige Bestandteile beim Bau künstlichen Lebens, insbesondere des künstlichen Menschen. Die Wissenschaftler rechnen hier mit einem Erfolg innerhalb der nächsten fünf bis zehn Jahre. Aber schon vorher wird der genmanipulierte Mensch, ebenso wie der geklonte, als auch der künstliche (synthetische) Mensch, ein immer weitreichenderes Thema für die Bevölkerung sein, wobei es nicht nur Zustimmung geben kann, sondern auch viele berechtigte Proteste. Bisher haben die Politiker es aber dann immer so gehandhabt, wenn die Proteste in diesen Bereichen zu groß wurden, die weitere Entwicklung zu negieren, um sie dann doch sukzessive - und möglichst heimlich - zuzulassen. Zur Beruhigung der Bevölkerung werden optisch die ethischen Schranken noch hochgehalten, in Wirklichkeit sind sie schon längst niedergerissen und es ist nicht die entscheidende Frage, ob beispielsweise der Mensch geklont werden darf oder nicht, sondern nur noch wann. So hat dieses Jahr (2001) bereits die britische Regierung das therapeutische Klonen von Embryonen und somit die *Eugenetische Genmanipulation,* also die rassenpflegerische Erbgutveränderung am Menschen, gebilligt und damit eine weitere ethische Barriere niedergerissen. Selbst die Staaten, die bislang gesetzlich ein Verbot der Genmanipulation von Menschen führten, werden dieses nun aufheben, um *„konkurrenzfähig im Markt"* zu bleiben – Deutschland inklusive. Hierbei noch zur Erklärung: Die *Eugenik* ist die *Verhinderung der Ausbreitung ungünstiger Erbanlagen* (im einstigen Nazi-Deutschland gehörten zu den ungünstigen Erbanlagen alle nichtarischen Erbgutinformationen). Im Wortgut der Medizin nennt man es die *„Lehre von der Erbgesundheit und der Förderung des menschlichen Erbguts".*

Gentechnik dürfte zu einem der wirtschaftsstärksten Industriezweige werden, welches Firmen so vermögensstark werden lässt, dass sie bald selbst mehr Kapital zur Verfügung haben werden als kleinere Staaten an Bruttosozialprodukt. Dies wird auch den kurzen Boom der Internetbranche weit in den Schatten stellen (die Wissenspille wird zudem das Internet weiter abflauen lassen). Die Macht des Geldes und der Genkonzerne ist in diesem Bereich schon so weit fortgeschritten, dass selbst sonst unabhängige Richter, auf den Druck von Politik und Wirtschaft hin, wichtige Entscheidungen zum Patentrecht getroffen haben, die sie eigentlich gar nicht hätten treffen dürfen. Sie haben entschieden, dass man Leben, selbst Bestandteile des Menschen, patentieren lassen kann, womit sie ihn zu einem kommerziell verwertbaren Stoff machen, der eher einer Chemikalie gleichkommt als einem lebenden Organismus. Oder anders ausgedrückt, dass fortpflanzungsfähige Leben wird zum technischen Objekt degradiert. Sequenzieren, Modellieren, Synthetisieren, Patentieren: das ist die Ablauffolge der modernen Biotechindustrie. Geänderte Gene können beim Patentamt angemeldet werden, um sie wirtschaftlich verwerten zu dürfen. Der Mensch und seine Gene sind nunmehr Markenartikel, ein Produkt zur Steigerung des *„shareholder value"* (Marktwert des Eigenkapitals) einer entfesselten Genpharma. Der Wert des Menschen ist damit nur noch ein kommerzieller Wert. Sollte er jemals etwas *„Heiliges"* (wertvolles) gewesen sein, so ist er es jetzt nicht mehr. Er lässt sich in seine Bestandteile zerlegen und sein Marktwert ist auf Grundlage dieser Stoffe zu errechnen. Da hierbei aber nicht viel heraus kommt, ist das ganze natürlich eine (akademische) Milchmädchenrechnung. Geklonte Menschen sind aber nun somit patentrechtlich als Erfindung anzusehen und auch verwertbar (beispielsweise als medizinisches Ersatzteillager). Alleine beim Europäischen Patentamt sind schon mehr als zweitausend Patente auf menschliche Gene angemeldet, in den USA und auf anderen Kontinenten werden es noch viel mehr sein.

Es bedeutet auch faktisch, dass man den Menschen auf längere Sicht gesehen, zum Leibeigenen macht. So sind schon die ersten Patente an Gentechfirmen bereits vergeben worden. Beispielsweise ein Patent auf Knochenmarkzellen, welches man bei krebserkrankten Menschen einsetzt. Bei Leukämie verändern sich einzelne Mutterzellen im Blut krankhaft und fangen dann an, unreife und funktionslose Zellen zu produzieren, welche die gesunden Blutzellen verdrängen. Um Blut permanent nachproduzieren zu können, sitzen im Knochenmark die blutbildenden Zellen, die sich ständig teilen. Aus deren Tochterzellen reifen dann die gesunden Blutzellen heran. Man nennt diese Zellen auch Stammzellen. Stammzellen sind Zellen, die noch nicht auf einen bestimmten Zelltypus spezialisiert sind. Sie können sich in fast unbegrenzter Zahl teilen und haben das Potenzial, verschiedene Entwicklungsrichtungen einzuschlagen. Sie sind die Ausgangsbasis für die Entwicklung von Geweben und Organen. Die embryonalen Stammzellen werden aus dem Inneren der Embryonen gewonnen. Man greift dabei auf Embryonen zurück, die bei einer künstlichen Befruchtung gewonnen, aber nicht mehr zur Einleitung einer Schwangerschaft benötigt werden.

Adulte Stammzellen (die sich auch zu Leber-, Lungen- und Hautzellen verwandeln können), werden von bereits erwachsenen Menschen gewonnen, beispielsweise aus dem Knochenmark. Das Patent auf die Knochenmarkzellen hat also weitreichende Bedeutung, wenn man insbesondere die Millionen an Krebs erkrankten Patienten sieht und den marktwirtschaftlichen Wert der Krankheitsversorgung betrachtet. Es gibt auch schon ein Patent auf Blutzellen, das aus den Nabelschnüren neugeborener Kinder gewonnen wird. Die Nabelschnur ist reich an Blutstammzellen und enthält Vorläuferzellen für Muskeln, Knochen, Knorpel und Lebergewebe. Sollte nun ein Kind aus irgendeinem Grund Blutzellen aus seiner eigenen Nabelschnur dringend brauchen (oder von einem anderen Säugling), beispielsweise zur Krebsbehandlung, so müssen entweder die Eltern, die Krankenkasse oder die Ärzte (die es dann später wieder verrechnen) Lizenzgebühren an die Firma zahlen, die dieses Patent inne hat. Und das ist erst der Anfang. Der ganze menschliche

Körper wird so nach und nach vermarktet und in Patente aufgeteilt werden, bis kein Mensch mehr ein Recht auf sich selbst hätte, er wäre damit ein Eigentum der verschiedenen Firmen geworden, die die Patentrechte haben. Und er unterläge damit rechtlich deren Kontrolle, für deren rechtliche Umsetzung die Staatsmacht zu sorgen hat. Zum Tragen kommt das insbesondere dann, wenn medizinische Hilfe gebraucht wird. Auch wenn im Moment noch kein Mensch so direkt diese Gefahr bemerkt, weil es ihn noch nicht unmittelbar betrifft, aber zukünftige Generationen werden davon weit direkter betroffen sein.

In Afrika, insbesondere in Südafrika (mit seiner Verwaltungshauptstadt Pretoria), laufen die Menschen schon seit Jahren Sturm gegen die Pharmakonzerne, da diese mit ihren Patenten verhindern, das preisgünstige Medikamente auf den Markt kommen können. Gerade im Kampf gegen Aids sind die Menschen in diesen Regionen auf erschwingliche Medikamente angewiesen. Die Organisation „*Ärzte ohne Grenzen*" (eine mit dem Friedensnobelpreis ausgezeichnete Vereinigung von Ärzten und Sanitätern) berichtet, dass es allein in Südafrika über 4 Millionen HIV-infizierte Menschen gibt (Tendenz steigend) und etwa zehn Prozent von dieser Anzahl (das sind ca. 400.000 Menschen) werden jährlich an AIDS sterben. Die patentierten Medikamente zu Weltmarktpreisen einzukaufen ist nicht für sie finanzierbar, deshalb fordern sie den Patentschutz aufzugeben, damit andere Pharmafirmen die teuren Medikamente zu günstigeren Preisen herstellen können, was ja durchaus möglich ist. Zugespitzt gesagt, die Patente lassen hier Menschen sterben, denen ohne dieses Handikap noch hätte geholfen werden können. Der südafrikanische Staat wollte das Patentrecht in seinem Land aufheben, um seiner Bevölkerung helfen zu können. Die Pharmakonzerne klagten deshalb gegen den Staat Südafrika, damit die Patente weiter aufrecht erhalten bleiben. Vom hippokratischen Eid, nämlich allen Menschen zu helfen (denen ja auch die Pharmakonzerne moralisch verpflichtet sind), scheinen sich diese Firmen nunmehr wohl zum Vorteil von steigenden Aktienkursen verabschiedet zu haben. Im April 2001 haben die Pharmafirmen aber den Rechtsweg beendet und versprachen den Menschen in Südafrika, für alle 3. Welt-Länder preisgünstigere Medikamente zu produzieren (was aber nicht unbedingt bedeutet, dass es qualitativ die gleichen Medikamente sein werden). Hauptsache man hält das Patentrecht weiter aufrecht. Die Patente verhindern auch die weitere Forschung, da andere Forschungsträger nicht an die nötigen Informationen herankommen oder sie nicht für ihre Forschung verwenden dürfen, auch wenn sie die Möglichkeit hätten, schneller und bessere Medikamente auf den Markt zu bringen. Die vielen Patente, die auf den menschlichen Körper nun vergeben werden, werden also nicht unbedingt wie von den Pharmakonzernen versprochen uns körperliches Heil bringen, sondern könnten ganz im Gegensatz zu einer Gefahr für die Menschheit werden. Insbesondere für diejenigen Menschen, die später einmal als Klone auf die Welt kommen sollten.

Bei Patenten ist es üblicherweise so, dass der Erfinder nachweisen muß, dass seine Erfindung neu ist und somit diese vorher noch von niemanden gekannt und genutzt wurde. Auch darf die Erfindung sich beispielsweise nicht zwangsläufig aus Bestehendem ergeben und es darf auch keine natürliche Erscheinung oder ein biologischer Ablauf sein. Die Anforderungen für die Erlangung eines Patents sind damit eigentlich hoch gesetzt. Für die Kommerzialisierung der Gentechnik wurde diese Barriere aber weggerissen, so dass es jetzt sogar möglich ist, die natürliche Biologie, die Millionen Jahre währende Evolution, bis ins kleinste Detail zu kommerzialisieren und auch noch als geistige Erfindung des Menschen auszugeben, nur weil einige Menschen - dank moderner Technik - auf Molekularebene etwas an ihr abändern können. Ein auf gentechnologischer Basis hergestellter Mensch ist damit als geistige Erfindung zu betrachten, wie jede andere technische Erfindung auch. Menschenwürde und Menschenrechte kann man den menschlichen Klonen dann auch nicht zubilligen, sonst hätte ja jede andere technische Erfindung diese Rechte ebenfalls. (Geklonte) Menschen, die kein Anrecht auf Würde und andere Rechte haben, dürften in Zukunft bei Politik und Wissenschaft wieder sehr beliebt sein. Sie wären quasi die Parias des biotechnologischen 21. Jahrhunderts. Rechtlose Wesen, möglicherweise in Arbeitslagern festgehalten, wo sie für Staat, Militär und Industrie ihr arbeits- und entbehrungsreiches Dasein fristen müssen und sogar für medizinische Versuchszwecke zur Verfügung zu stehen haben. Der Weg in eine neue Sklaverei und Leibeigenschaft wird durch die Genwissenschaft somit vorbereitet. Zukünftig müssen die Menschen dann nicht nur Steuern zahlen, sondern zudem auch Lizenzgebühren. Während es bereits heute schon verschiedene Steuerarten gibt, kommen dann Lizenzarten hinzu, die jedes

Körperteil in Sektoren aufteilt und die jeweils unterschiedliche Beträge kosten würden.

Dass der erste geklonte Mensch bereits für das kommende Jahr (2002) von Fortpflanzungsmedizinern angekündigt wurde (vielleicht in einem geheimen Versuchslabor schon getestet ist), zeigt uns allen, dass kein Weg mehr hieran vorbeführt. Denn diese Reproduktionsmediziner beanspruchen die *„Freiheit* der Forschung" in einer Art und Weise, dass sie dabei alle ethischen Schranken niederreißen wollen. Und wer sich ihnen in den Weg stellt, ist in ihren Augen ein *„Feind der Wissenschaft"*. Mit diesem Slogan strafen sie ihre Gegner öffentlich ab. Und wenn das Land, in dem sie arbeiten das Klonen per Gesetz verbietet, dann gehen sie in ein anderes Land, wo es erlaubt ist (bzw. noch nicht verboten wurde), denn sie können sich sicher sein, wenn sich erst einmal das Klonen von Menschen etabliert hat, dann werden die Gesetzesverbote in allen anderen Ländern nach und nach auch aufgehoben. Zu einem politischen Trick gehört, wenn man etwas Neues durchsetzen will, mit dem Finger auf benachbarte Staaten zu zeigen, die beispielsweise schon das Klonen erlaubt haben, mit dem Hinweis darauf, man würde technologisch, finanziell, wissenschaftlich, etc. weit zurückfallen, wenn man es im eigenen Land nicht auch so machen würde. Und so wird es bald auch mit dem Thema *„Klonen von Menschen"* ablaufen. Hören wir also genau hin, was die Politiker und Wissenschaftler uns sagen werden. Der *Fortschritt* wird kommen...

Aber was bedeutet Klonen eigentlich?

Ein Grundbaustein des Lebens ist die Zelle. In ihrem Inneren, also im Zellkern, liegt die Erbsubstanz DNS. Sie enthält die Gene als Träger der Erbinformation. Alle zusammengenommen bilden das Genom, welches die *„Bauanleitung"* für die Organismen ist. Beim Klonen wird das Erbgut einer Körperzelle eines natürlichen DNS-Spenders in eine entkernte Eizelle eingesetzt. Entkernt bedeutet hier, dass der Kern der Eizelle einer Eizellen-Spenderin, in dem das natürliche Erbgut verankert ist, herausgenommen wird, um es nun mit dem Erbgut einer anderen Person, nämlich des DNS-Spenders, auszutauschen. Während bei einer natürlichen Befruchtung die Eizelle nun das Erbgut von zwei Personen hätte (nämlich von Vater und Mutter), da zu dem Erbgut der Eizellen-Spenderin ja das Erbgut des DNS-Spenders (durch den Samen der in die Eizelle eindringt) hinzukäme, hat dagegen die Eizelle jetzt nur noch das Erbgut des DNS-Spenders. Das kann das Erbgut des Vaters sein, also einer männlichen Person, es kann aber auch das Erbgut einer Frau sein, was insbesondere lesbische Paare in den Genuß eigener Kinder bringen könnte, weshalb gerade sie solche medizinischen Methoden befürworten. Nachdem das Erbgut in die Zelle eingebracht wurde, wird sie stimuliert sich zu teilen zu einem embryonalen Zellhaufen. Es entsteht also ein künstlicher Embryo, welcher in den Erbeigenschaften genetisch dem Original der natürlichen Spenderperson gleicht. Chemoelektrisch wird das Embryo zum Wachsen angeregt. In eine Leihmutter wird er dann implantiert und ausgetragen. Das so gezeugte Kind trägt dann das Erbgut des DNS-Spenders, aber auch das der Leihmutter. Dieses Verfahren ermöglicht es zudem, dass auf die Spermien des Mannes verzichtet werden kann. Eine Frau kann sich somit selbst als DNS-Spenderin klonen lassen und selbst ihr eigenes Kind austragen. Sie erstellt also eine Kopie von sich selbst und verhilft sich somit zu einer Wiedergeburt, ohne dass es eines männlichen Parts bedurfte – einem Vater. Insbesondere radikale Feministinnen (es gibt auch richtige Männerhasserinnen unter den Lesben), haben ihre besondere Freude an diesem Verfahren entdeckt, da einige von ihnen schon eh von einer Welt ohne Männer träumen. Und manche Schwule, im Gegensatz dazu, von einer Welt ohne Frauen. Als Heterosexueller ist man da sprachlos, aber manche Menschen sind halt so.

Der Ruf so mancher Lesben und Schwulen wird deshalb auch immer lauter, das Klonen nun endlich zuzulassen. Sie behaupten, sie hätten sicherlich ein Recht darauf, sich klonen lassen zu dürfen. Haben Sie das wirklich? Haben schwule Männer oder lesbische Frauen wirklich das Recht, ein Baby in die Welt zu setzen, ganz nach ihrem Ebenbild (und möglichst auch noch so schwul oder so lesbisch wie sie selbst), dass nun entweder keine Mutter oder keinen Vater hat und dem zusätzlich die Identität des eigenen *Ich* fehlt, da es ja nur die Kopie einer anderen Person ist, und das nur, weil die Selbstsucht dieser Person(en) befriedigt werden wollte? Haben sie also das Recht, die Rechte des Kindes derart zu verletzen, ja lebenslänglich zu verletzen, weil sie für sich ein „*Recht*" einfordern (welches es gar nicht gibt und geben darf), nur um eine identische Kopie von sich selber herstellen zu können? Im Sinne des Kindes und der Kinderrechte gesprochen: „*Nein!*", haben sie nicht. Und hierauf kommt es eben an. Dem Unrecht derart Tür und Tor zu öffnen, muß aus Kinderrechtsgründen und den (zukünftigen) Kindern zuliebe auf jeden Fall verhindert werden. Das wird eine

Aufgabe aller Kinderschutzorganisationen sein, das zu verhindern. So weit darf es eben nicht kommen. Hier müssen überhaupt alle Bürger den Wissenschaftlern endlich deutlich zeigen, wo die Grenzen liegen.

Während die Leihmutter noch eine natürliche Person ist, wird für eine industrielle Produktion später einmal auch auf diese verzichtet werden können und der DNS-Spender wird ebenfalls keine natürliche Person sein, sondern die DNS wird ebenfalls wie die Leihmutter künstlich hergestellt. In Teilen konnten die Wissenschaftler bereits schon die DNS nachbauen. Insbesondere beim therapeutischen Klonen ist dieser Ansatz wichtig, da beim therapeutischen Klonen Embryonen für medizinische Zwecke verbraucht werden, was einem Töten gleichkommt. Wird aber die DNS ebenso wie die Eizelle künstlich hergestellt, dann ist das Embryo ebenfalls als künstlich zu betrachten, also als ein molekularchemischer Zellhaufen, dessen Verwertung weniger Protest in den Ethikdiskussion auslösen dürfte, da man nunmehr nicht vom Töten eines Embryos sprechen kann, sondern man vielmehr vom Vernichten einer chemikalisch-biologischen Struktur und Substanz sprechen dürfte. Das glauben zumindest derzeit die Mediziner. Doch sollten die Medizinwissenschaftler sich nicht lieber darauf konzentrieren, möglichst alle Krankheiten heilen zu können, statt vermutlich krankheitsbelegte Gene – bzw. Embryonen mit diesen Genen – auszuselektieren? Denn hier geht es ja nicht mehr um Heilung, sondern um Auswahl, d. h. bestimmtes Leben erst gar nicht erst entstehen zu lassen, aufgrund eines Krankheits-Verdachtes, obwohl die Möglichkeit einer späteren Heilung bestehen könnte. Aber eins ist es auf jeden Fall nicht: *Prävention!* Denn Prävention darf nur als Verhinderung oder Vermeidung von Schädigungen gelten, nicht aber als Verhinderung der (in Zukunft oder bereits) Geschädigten. Wenn wir das Leiden verhindern, indem wir die Person erst gar nicht leben lassen, sondern diese ausmerzen, dann ist das nicht Prävention sondern tödliche Selektion.

Der Mensch zählt zur Gattung des Menschen von Beginn an, also schon bevor er das Licht der Welt erblickte. Er entwickelt sich nämlich nicht hin zum Menschen, sondern er entwickelt sich als Mensch und zwar vom Verschmelzen der Eizelle mit einem Spermium an. Seine Zugehörigkeit muß er deshalb nicht erst noch (später nach seiner Geburt) durch besondere Begabungen feststellen lassen. Selbst kranke Menschen sind aus diesem Grunde auch

Menschen, selbst wenn sie aufgrund einer körperlichen Behinderung für manche Dinge unbegabt sind. Sie müssen nicht gentechnisch optimiert werden, um Mensch werden zu können, auch kann es in diesem Sinne keinen besseren Menschen geben, je nachdem welche Begabungen er hat. Aber sind wir Menschen wirklich so minderwertig, wie die Wissenschaftler (die ja eigentlich auch Menschen sind) es so sehen (insbesondere bei behinderten Menschen) oder können wir alle nicht ein wenig stolz darauf sein, Mensch sein zu dürfen? Brauchen wir also wirklich genetisch „*optimierte*" Menschen? Müssen wir die Profilneurosen der Biologen und Mediziner annehmen, dass wir etwas *Besseres* sein sollten, als was wir sind? Das, was diese Wissenschaftler uns bringen werden, ist Uniformität, ausgerichtet nach irgendeinem fiktiven Format, dessen Idealität verschiedenen Einflüssen unterliegt und ständig ausgewechselt werden kann. Es bedeutet damit auch Abschied zu nehmen von Vielfältigkeit, vom Besonderen des Einzelnen, von seiner Unverwechselbarkeit. - Ein Gleichnis:

Früher, als es noch keine Maschinen gab die Pullover herstellen konnten, wurden die Pullover alle handgemacht. Der eine oder andere Webfehler war mit drin. So trugen alle Menschen Pullover mit irgendwelchen Webfehlern. Als dann die ersten Maschinen Pullover herstellten, waren diese nun ohne jeden Webfehler. Stolz präsentierte man solche fehlerfreien Produkte. Nachdem nun, viele Jahrzehnte später, die Pullovermaschinen die handgemachten Pullover fast vollständig vom Markt gedrängt hatten, fiel so einigen Menschen auf, dass die Pullover alle so schrecklich gleich im Strickmuster aussahen, selbst im unterschiedlichsten farblichen Design. Stillos perfekt, ohne Herz und ohne individuellen Charakter, ja irgendwie ganz ohne Leben. Doch es gibt kaum jemanden noch, der Pullover mit der Hand herstellen kann, die Technik wurde nicht mehr weiter gegeben. Wer aber doch noch einen neuen handgemachten Pullover (nun teuer) erwerben konnte, der zeigt nun gerne den ein oder anderen Webfehler her, der nicht als ein Makel angesehen wird, sondern als ein Zeichen von Qualität – eben wertvolle Handarbeit. Vielleicht können wir von dieser Metapher auch etwas auf die Menschen übertragen.

In meinem Buch: „*Zukunftsperspektive Raumfahrt*" schrieb ich schon 1992 dazu, was jetzt hier in diesem Zusammenhang noch einmal aktuell wird:

*„Mehr Mensch ist der Mensch,
der sich selbst als Mensch erkennt.
Denn wer sich selbst als Mensch erkennt,
erkennt sich selbst als mehr,
als nur: der Mensch."*.

Das bedeutet, wir sind nicht so wenig wie die bloße Summe unserer DNS, wie uns so manche Wissenschaftler weismachen wollen, und lassen uns auch nicht auf die Aminosäuresequenzen reduzieren, sondern wir Menschen sind viel mehr, als wir überhaupt mit unseren Sinnen wahrnehmen können. Weder Computer, Roboter, Cyborger, Android noch ein anderes Konstrukt der Menschen wird diese Höhe der Evolution erreichen können, nämlich mehr zu sein, als man tatsächlich ist und scheint. Das, was uns die Wissenschaftler dagegen anbieten werden, ist mehr Schein als Sein. Und es ist zudem ein gefährlicher und trügerischer Schein. Als Informatiker kann ich ja auch nicht dahergehen und behaupten, der Mensch bestehe nur aus lebloser Materie, und das, was diese leblose Materie zum Leben erweckt, ist die mitgelieferte Software im Kopf des menschlichen Körpers. Er sei also nur ein leistungsstarker Roboter mit einem Biocomputer an Bord (der sich unter seinem Schädel befindet), dessen Lebens*programme* auf elektro-chemische Impulsen basieren. Das würde der Realität ebenso wenig gerecht werden wie die Behauptung der Biologen, dass der Mensch nur so viel ist, wie seine Gene hergeben; auch wenn es physische Abläufe gibt, die die eine oder andere Ansicht durchaus begründen.

Für den Standpunkt eines Informatikers könnte man bestimmt anführen, dass der Körper seine Zellen ständig erneuert, wie auch ein PC seinen Hauptspeicher ständig füllt und leert. Nach einem Jahr könnte man von einem vollständig neuen Körper sprechen, da alle Zellen, vom Knochengewebe bis zu den Gehirn - zellen, sich erneuert haben.

Wenn nun die Gehirnzellen sich mindestens einmal im Jahr erneuern, wie können wir da länger zurückliegende Erinnerungen haben, selbst noch aus unserer Kindheit? Und das auch noch, wo sich die Gehirnzellen nicht nur erneuern, sondern auch ständig sich neu strukturieren und sortieren. Das würde doch bedeuten, dass Erinnerungen reine Energiezustände sind, die mit einem Code zur Identifizierung versehen sind, wobei der Code beschreibt, wo und wie die gespeicherten Informationen (Energien) abzurufen sind (also ähnlich wie bei einem PC-Token-Ring-Netzwerk, welches Datenpakete mit Absender und Empfängerangaben vorausschickt vor den eigentlichen Informationen), welche von den alten an die neuen Nervenzellen übergeben werden, bevor die alten Nervenzellen sich auflösen. Also man könnte sagen: eine Datensicherung vor dem Löschen.

Das Gehirn speichert also ständig empfangene Informationen ab. Von diesen abgespeicherten Informationen werden Datensicherungen durchgeführt, vermutlich mehrfach, damit selbst bei Ausfall von einzelnen Gehirnpartitionen alle Daten möglichst verlustfrei wieder verfügbar sind. Das heißt, es findet ein ständiger Austausch und Datenabgleich statt zwischen der Zelle die Daten empfängt und der Zelle die Daten speichert sowie den Zellen, die die vorhandenen Daten kopieren um sie zu sichern und zwischenzulagern, damit sie über viele Jahre zur Verfügung stehen, selbst dann, wenn sich alle Zellen einmal pro Jahr erneuert haben. Das heißt auch, die Daten(-sicherungen) werden hin- und hergeschoben, damit sie möglichst immer auf den frischen Zellen gespeichert sind. Das aber sind Ansichten aus bestimmten Ebenen, die zeigen, wie vielschichtig der Mensch zu betrachten ist. In der ganzen Gen-Debatte, wo es auch um das Klonen von Menschen geht, werden solche hochkomplexen Vorgänge nicht besprochen, da man in der Kenntnis von ein paar DNA-Strukturen nur die allerhöchste Spitze des Eisberges erkannt hat, aber man gar nicht die Möglichkeit hat, alles was darunter liegt auch wirklich erfassen zu können, da dies wohl eines Computers bedarf, mit dem Ausmaß eines ganzen Kosmos, um alle Problemstellungen errechnen zu können. Je tiefer der Mensch in seiner Erkenntnis dringt, umso größer wird der Kosmos des Unbegreiflichen!

Der erwachsene menschliche Körper enthält schätzungsweise 10 Billionen Zellen. In den einzelnen Zellen befindet sich ein Zellkern mit dem doppelten Satz des Körperbauplans. Jeder Körperbauplan hat 23 Chromosomen (woraus sich ergibt, dass der Mensch nach Vereinigung von Mann und Frau 46 Chromosomen hat). Jedes Chromosom ist ein zusammengewickelter Faden, der entspiralisiert die DNS (Desoxyribonukleinsäre, auch DNA genannt in der englischen Sprache, wobei das A für *„acid* = Säure" steht) bildet. Diese DNS-Moleküle enthalten die Gene, in denen die Baupläne für die Proteine codiert sind. Die Struktur ähnelt einer um die eigene Achse geschwungenen Sprossenleiter, wobei die

Befehlsfolge der einzelnen Sprossen den genetischen Code bildet. Die sogenannten *„Buchstaben"* des genetischen Codes bestehen aus vier Nukleinsäurebasen, die immer paarweise auftreten. So bildet Adenin (A) und Thymin (T) eine Sprosse sowie Guanin (G) und Cytosin (C) ebenso. Alle schätzungsweise 26.000 bis 40.000 Gene bilden zusammen den sogenannten Bauplan des menschlichen Körpers. Nun tüfteln die Wissenschaftler daran, die ohne Punkt, Leerzeichen und Komma geschriebene Anreihung von Buchstaben (A, T, G, C) so zu strukturieren, dass es für sie erkennbare Sätze werden, damit sie aus ihnen das Geheimnis der Natur ablesen können, wie quasi aus dem *„Nichts"* Leben (und insbesondere der Mensch) entsteht, um nun selbst auf gleiche Art und Weise (der Natur nachahmend) Schöpfer spielen zu können.

Die Zeugung aus dem Reagenzglas ist ja schon jetzt alltägliche Praxis geworden. Für jedes neue Verfahren, gibt es dabei so schwer aussprechbare Bezeichnungen, als wollten die Wissenschaftler gar nicht, das man diese Wörter in den Mund nimmt. So wie die *„Intrauterine Insemination"*, bei der zum Zeitpunkt des Eisprungs vorbereiteter Samen in die Gebärmutter eingeleitet wird. Weiterhin gibt es noch den *„Intratubarer Gametentransport"*, wo die Eierstöcke zur Produktion mehrerer Eizellen angeregt werden, die dann entnommen werden und mit dem Samen des Partners per Katheder in einen Eileiter eingebracht. Auch eingefrorener Sperma von einem bereits toten Mann (und möglicherweise eines unbekannten Samenspenders) könnten verwendet werden, wie auch schon die Praxis mal zeigte, denn es gibt hier auch Fälle, wo der eingefrorene Sperma eines bereits verstorbenen Mannes genutzt wurde, um ein *„Retortenbaby"* zu zeugen.

Damit nicht genug gibt es noch die *„Intracytoplasmatische Spermieninjektion"*, bei der einzelne Spermien mit einer sehr dünnen Nadel in die entnommene Eizelle gespritzt wird (je ein Spermium pro Eizelle) und welches dann als Embryo in die Gebärmutter eingepflanzt wird. Bleibt unter anderem noch die *„In-vitro-Fertilisation"*, die künstliche Befruchtung außerhalb des Mutterleibs. Bei dieser Methode wird aus dem Eierstock eine befruchtungsfähige Eizelle entnommen und im Reagenzglas mit Sperma zusammengebracht. Die befruchtete Eizelle wird dann mittels eines Katheters in die Gebärmutter eingesetzt. Und die Medizinforscher tüfteln bereits an weiteren neuen Verfahren (und Bezeichnungen). Das

Horrorbuch eines Dr. Frankenstein scheint hier wohl kein Ende zu nehmen. Doch sollte man nicht lieber, wenn der Kinderwunsch so unbändig groß ist, aber der eigene Körper es verwehrt, auf Adoption setzen anstatt auf *In-vitro-Fertilisation* oder andere Verfahren. In Heimen leben viele tausende Kinder, selbst Kleinstkinder, die auf liebevolle Pflegeeltern warten. Wenn man aber Kinder wirklich so sehr liebt, dass man sogar bereit ist kleine *Golems* zu schaffen, dann sollte man sich doch besser der Heimkinder annehmen, denn dann zeigt man wirklich, wie sehr man Kinder liebt.

Die Möglichkeit, bei einer künstlichen Befruchtung auch eingefrorenen Samen eines bereits verstorbenen Menschen zu nehmen, müsste gesetzlich strengstens in aller Herren Länder verboten werden, da das gezeugte Kind ja dann schon vor dem Zeugungsakt keinen lebenden leiblichen Vater mehr hat und es bewusst von der Kindesmutter hingenommen wird, dass das Kind später ohne diese elterliche Erfahrung des eigenen Vaters aufwachsen muß, worauf es ein natürliches Recht hätte. Die Mediziner, die an so etwas mitbeteiligt sind, haben sich dem Kind gegenüber mitschuldig an das ihm widerfahrene Unrecht gemacht. Noch tragischer wird die ganze Geschichte, wenn Kinder von „Leihmüttern" ausgetragen werden. Das Wort „Leihmutter" ist schon eine Perversion, da das Kind von Natur aus nur eine einzige Mutter haben kann, von der es ausgetragen wurde (auch wenn es Genmerkmale des DNS-Spenders trägt), und wenn es nach der Geburt von ihr weggerissen wird (weil die Kindesmutter es im Auftrag einer anderen Person ausgetragen hat), ist dieses schon ein recht krimineller Akt dem Kind gegenüber. Es gibt Verfahren, bei der das Kind Erbgutinformationen von drei Personen hat. Und zwar in dem Fall, wo man die Erbgutinformationen zweier Partner in die entkernte Eizelle brachte und hinzu kamen dann noch die Erbgutinformationen der Leihmutter (quasi ein Gencocktail). Primär ist es aber das Kind der Leihmutter. Behauptungen, sie sei nur ein Hort, indem das Kind die ersten Lebensmonate geliehenerweise aufwachsen durfte, aber die DNS-Spender die wahren Eltern seien, sind absurd. Wenn man beispielsweise nach der Geburt einem Kind ein Organ eines anderen Menschen transplantieren musste, damit es weiterleben konnte, dann sagt man ja auch nicht, der Organspender sei nun der wahre Elternteil, weil das Kind mit dem neuen Organ zusätzlich den genetischen Code des Spenders erhält, welches in diesem Körperteil vorhanden ist und zwar in jeder einzelnen Zelle dieses Organs. Der Organ- (und zusätzliche DNS-)Spender wäre zwar hier der Retter, aber niemals ein Elternteil. Alles andere wäre auch grotesk. Man muß sich hier zudem auch die Frage stellen, ob das alles notwendig ist (insbesondere die vielen verschiedenen technischen Möglichkeiten, beispielsweise aus der Petrischale Leben zu zeugen) bei einer von Überbevölkerung geplagten Erde?

Anders sähe es allerdings aus, wenn es eine Bevölkerungsimplosion gäbe (also der drastische Rückgang der Weltbevölkerung ohne absehbares Ende), durch die Unfruchtbarkeit des Mannes aufgrund einer globalen Verseuchung oder wenn die Todesrate weltumspannend weit über der Geburtenrate liegen sollte, aufgrund von tödlichen Epidemien, um damit die menschliche Rasse am Leben erhalten zu können. Auch könnte die gentechnische Behandlung von Spermien zu einer unfruchtbaren Gesellschaft führen. Diese Horrorszenarien sollten es aber bei einem sorgsamen Umgang mit unserer Umwelt (das heißt Vermeidung einer globalen Verseuchung oder andere menschenvernichtende Verfahren), erst gar nicht geben dürfen.

Ein weiteres Feld der Mediziner ist es, die Austragungszeit zu verringern. So könnte die Austragungszeit von menschlichen Embryonen verringert werden (von 9 Monate auf vielleicht 3 Monate), um einerseits die Mütter zu entlasten und andererseits sie früher wieder in den Arbeitsprozess integriert zu bekommen, was dem Staat enorme Kosten einsparen würde, die er sonst für die Unterstützung der Mütter ausgeben müsste. Die Wissenschaftler haben es bereits jetzt schon geschafft, die Austragungszeit von 9 auf 6 Monate zu verringern. Damit geben sie sich aber nicht zufrieden. Sie experimentieren sogar daran, dass ein Kind von der Empfängnis bis zur Geburt auch außerhalb des natürlichen mütterlichen Körpers (also außerhalb der Gebärmutter) wachsen kann, in einem künstlichen Uterus, der mit einer nährstoffhaltigen Flüssigkeit angereichert ist, welche in großen Aufzuchtstationen eingesetzt werden sollen. Fabriken also, die Babys herstellen. Ein Modell, das insbesondere später Anwendung bei der Ansiedlung von Lebewesen (Tiere darin eingeschlossen) auf fremden Planeten ihren Einsatz finden soll, um diese schnellstmöglich bevölkern zu können.

Mit Verkürzung der Austragungszeit werden die Kinder nicht mehr zur Schule gehen müssen, um zu lernen, da sie ja die Wissenspille bekommen (und zwar mit allen Informationen, die sie sonst lange in einer Schulzeit erlernen müssten); eventuell brauchen sie auch nicht mehr in den Kindergarten zu gehen. So können die Kinder schon früh in den Arbeitsprozess integriert werden. Und in den Staaten, in denen es ein Verbot der Kinderarbeit geben sollte, wird dieses Gesetz infolgedessen aufgehoben. Der natürliche Spieldrang der Kinder wird durch Informationen, die in der Wissenspille sind, verdrängt, so dass der Staat die Kindergärten schließen kann und er sich die damit verbundenen Kosten einspart, die er wiederum für weitere Forschungsprojekte verwenden könnte. Mit Genmanipulationen wird man daher versuchen, das Wachstum der Kinder zu beschleunigen, damit sie schnellstens die Größe von Jugendlichen und Erwachsenen erreichen und damit sie kurzfristig in den gesellschaftlichen Arbeitsprozess integriert werden und für alle Arbeiten zur Verfügung stehen können. Die Zukunft könnte also eine Welt ohne spielende Kinder sein und der natürliche Prozess des Kindseins könnte (künstlich) auf wenige Monate reduziert werden.

In Zukunft könnte also Kindern ihre Kindheit genommen werden und sie haben entweder gar keine richtige Eltern oder sogar mehrere. Ist das gutzuheißen? Nein! Denn jedes Kind hat das natürliche Recht auf beide Elternteile, auf Vater und Mutter und damit auf die natürlichen leiblichen Eltern. Und sie haben das Recht von Vater und Mutter in Liebe und Geborgenheit sowie mit reichlich Fürsorge versehen aufwachsen zu dürfen. Künstlich erzeugtes Menschenleben bricht das Recht des Kindes auf die natürlichen leiblichen Eltern (auf Vater und Mutter). Es ist inhuman und verletzt jegliche ethischen und moralischen Grenzen. Wer will da widersprechen?

Die Frage ist also, müssen die Menschenrechte, die auch die Achtung der Menschenwürde beinhalten, und die Rechte der Kinder derart mit Füßen getreten werden, müssen alle ethischen Grenzen niedergerissen und alle moralischen Bedenken verhöhnt werden, um auch in Zukunft ein Überleben der Menschheit gewähren zu können und das auch notfalls außerhalb der Erde, damit sie sich eines Tages auf anderen Planeten niederlassen können? Ist das der Zoll, den wir hierfür zahlen müssen? Ich glaube nicht! Ganz im Gegenteil. Wenn wir die gefährliche und menschheitsgefährdende Entwicklung eindämmen und wir alle verstärkt die Kinder- und Menschenrechte achten, d. h. auch das ökologische System der Natur nicht länger gefährden, dann wird es eine sanfte evolutionäre (also eine langsame und weniger gefährdende), statt eine revolutionäre (schnelle und gefährliche) Entwicklung der Menschheit geben, aber eine, die sich kontrollieren lässt, damit sie in der richtigen Richtung verläuft (welche das auch immer sein mag), auch später in die Weiten des Weltalls hinein, wohin der Mensch einmal sich niederlassen soll und wird. Wenn wir aber die Natur weiterhin missachten, wird sie uns eines Tages ausmerzen. Denn die Natur, die alles aus sich selbst entwickelt und zwangsläufig alles so hervorbringt, dass alles ineinander passt, regeneriert sich selber, und das, was schädlich oder faul ist und daher nicht ins Getriebe passt, wird ausgemerzt. Ohne wenn und aber, und ohne die Moral von „*Gut und Böse*". In dieses System passte der Mensch, der deshalb bisher nicht ausgemerzt wurde, da die Natur in ihrem Millionen Jahre währenden evolutionären Prozeß dieses besonders große Rad im Räderwerk ihrer selbst wohl zu einem bestimmten Entwicklungssprung brauchte und der Mensch damit ein wichtiges Bindeglied zu ihrem Erhalt in einem bestimmten Zustand ist, wie auch er der Natur bedarf, um sich selbst erhalten zu können. Da der Mensch aber beginnt, sich immer selbständiger zu machen und aus diesem Räderwerk auszubrechen versucht, bringt es den ganzen Kreislauf der Natur ins Stocken und durcheinander, bis die Natur Prozesse entwickelt, die dieses ungehorsame Rad, was nun zu einem Fremdkörper in ihrem Rädersystem geworden ist, austauscht und durch ein anderes neues Rad ersetzt (oder durch mehrere bestehende Rädchen), um die entstandene Lücke zu schließen, womit andere Räder dadurch zu einer größeren Rolle in der Natur gelangen, als sie es bisher inne hatten. Da der Mensch aber nur in der Natur und mit ihr im Verbund existieren kann, hat er am Ende sich selbst ausgemerzt.

Die Natur selbst wird es nicht weiter stören – sie war immer da und wird immer sein. Selbst wenn der Mensch noch so viele Pflanzen und Tiere vernichtet, am Ende, wenn auch der Mensch nicht mehr da ist, wird sie in einem langen evolutionären Prozeß, der ebenfalls Millionen von Jahren dauern kann, wieder alles neu erblühen lassen. Die Natur hat keine Uhr, daher hat sie Zeit. Wofür brauchte aber die Natur die Menschen? Um in Raum und Zeit so schöne Melodien erschallen zu lassen, wie die von Bach, Beethoven oder Mozart? Um so liebliche Gedichte in die Welt gesetzt zu haben, wie die von Goethe oder Eichendorff? Um aus dem knallharten Prozeß der Selektion ausbrechen zu können, damit mit Fantasie wunderschöne Dinge geschaffen werden, wie die Bilder von Carl Spitzweg oder Caspar David Friedrich? Oder um gegen gefühllose Steine und Gebirge eines kalten Kosmos die Liebe entgegensetzen zu können, wie die von Romeo und Julia? Vielleicht auch nur um sich selbst erkennen zu können? Der Mensch nur ein Medium? Das ist das Geheimnis der Natur. – Wir sollten es vielleicht bewahren.

Man kann auch sagen (mit einer anderen Metapher), das Räderwerk der Natur ist ein eingespieltes Team, damit die Uhr des Lebens weiterläuft. Wenn der Mensch in diese gewachsenen Strukturen beispielsweise mittels der molekularbiologischen Gentechnik eingreift und Erbgut verändert, wofür die Natur in einem filigranen selektiven Prozeß Jahrmillionen Jahre gebraucht hat, um den jetzigen Zustand zu erreichen, damit alles anpassungsfähig ist und sich alles Leben dem gesamten Ablauf optimal anpassen konnte um überlebensfähig zu bleiben, dann kann es passieren, dass das ganze Gefüge durcheinandergebracht wird und die Natur Mechanismen auslöst, die wir bisher weder verstehen noch übersehen können in ihrer Tragweite, die nicht nur Tier- und Pflanzenarten aussterben lässt, sondern irgendwann dazwischen auch den Homo sapiens, der sich für die Natur als Fehlentwicklung herausstellte. Die Wissenspille wird jedenfalls der Motor für einen rasanten Fortschritt sein, und sie wird auch dafür sorgen, dass der Mensch immer stärker in die gewachsenen Strukturen der Natur eingreifen kann und wird, bis alles außer Kontrolle gerät. Den Tiger, den die Welt nunmehr reitet, können die Menschen dann nicht mehr bändigen und wohl auch nicht mehr zum Anhalten zwingen. Die Chancen für ein Happy End stehen damit nicht sonderlich gut.

Wie wir bereits wissen, lässt sich mit der Gentechnik das Erbgut, bei Pflanzen und bei Tieren verändern. Es ist ein chirurgischer Einschnitt in die Grundsubstanzen der Natur. Wenngleich wir uns auch wehren wollen, gentechnisch manipulierte oder genbehandelte Tiere als Nahrung zu uns nehmen zu wollen, so wird doch der genmanipulierte Mensch im Zielpunkt der Wissenschaft stehen. Für den Aufbruch ins Weltall braucht man andere Menschen als die Spezies, die heute lebt. Sie müssen widerstandsfähiger sein, als wir es sind. Und ganz andere Merkmale haben. Selbst dann, wenn wir sie optisch und ethisch nicht mehr als Menschen betrachten. Vielleicht braucht man Menschen mit vier Armen und acht Händen? Wenn ja, dann wird man diese auch herstellen. Dazu wird es durch gentechnische Veränderungen und durch Klonen hochgezüchtete Tiere geben, die die verschiedensten Funktionen erfüllen, und auch künstlich hergestellte Pflanzen, die unter widrigsten Weltraumbedingungen noch erblühen und den Astronauten auf ihrem langen Flug durch den Kosmos als Nahrung dienen können.

Auch wenn die Kopie eines Menschen nur eine annähernde Kopie ist, weil beispielsweise der Charakter auch aus den Erlebnissen, die ein Mensch im Laufe seines Lebens macht, sich bildet (ähnliches kann man auch bei eineiigen Zwillingen beobachten), zeigt dies aber, dass der perfekte Klon, also die absolute Kopie auch des Geistes, nicht möglich ist (derzeit noch). Die Tatsache der öffentlichen Ankündung zeigt aber auch, dass der Mensch nunmehr vollends Schöpfer spielen will und teils auch kann, selbst ungeachtet der noch nicht absehbaren Folgen seines Handelns, und das die Wissenschaftler trotz aller Proteste und Bedenken nun an ihr Schöpferwerk gehen wollen. Die Menschen in unserer Gesellschaft können dabei nur noch staunende Zuschauer sein, denen man ihre vereinzelten Bedenken und Proteste nicht abnehmen wird.

Mit einer künstlichen DNS lassen sich nämlich nicht nur Design-Babys zur Welt bringen, sondern auch synthetische (künstliche) Menschen, die sich rein optisch vom natürlichen Menschen gar nicht unterscheiden, aber überproportional besonders gute Eigenschaften in vielen verschiedenen Disziplinen haben. Denkbar ist auch, dass die großen Biotechfirmen in ihren Geheimlabors solche Supermenschen züchten werden, um sie in allen wichtigen Positionen des gesellschaftlichen Lebens, also in der Politik, beim Militär und in der Marktwirtschaft einzuschleusen (mit natürlichen Menschen geschieht dies wohl heute schon), um dort mit deren Hilfe Einfluß nehmen (um beispielsweise an Forschungsgelder zu kommen) und deren Apparat kontrollieren zu können. So dürfte die Macht in der Welt eines Tages (ganz unauffällig) in den Händen einiger globaler GenTech-Firmen liegen. Und ihre jetzige Macht testen sie schon aus, denn die Forschungsinstitute forderten bereits, das „*Recht der Forschungsfreiheit*" über das *Menschenrecht* zu stellen. Und die Rechte sollen sich dann zukünftig an dem orientieren, was die Wissenschaftler vorgeben werden. Wissenschaftler - und die hinter ihnen stehende Industrie - fordern also immer unverblümter *Macht*. Macht über die Menschen und Macht über den Staat, letztendlich die Übernahme der Staatsmacht. Dahin führt der Weg in die Zukunft aus heutiger Perspektive.

Beherrscht wird das Klonen, also die Reproduzierung von Lebewesen, von Medizinern einer Teilwissenschaft, die nur noch ein genetisch-molekulares Verständnis vom Menschen haben, ihn aber nicht mehr in seiner Gesamtheit erfassen, ja erfassen wollen, da es ihrem eigenen Auftrag, nämlich der ihrer Teilwissenschaft, kontraproduktiv entgegensteht. Sie berufen sich aber auf den hippokratischen Eid, dass ihr medizinisches Handeln zum Wohl des Individuums gereichen soll. Fragt sich nur, welchem Individuum? Wohl primär dem eigenen.

Die Wissenschaft ist abhängig vom Geld der Wirtschaft und des Staates. Wissenschaftler sind daher besonders bestrebt, Politiker zu instrumentalisieren, damit sie die notwendigen Forschungsgelder bereitstellen, aber auch um die Gesetzeslage so hinzubiegen, daß sie die größtmögliche Freiheit der (Wissens-)forschung besitzen, auch wenn diese (möglichst schrankenlose) Freiheit die Freiheit anderer Menschen beeinträchtigt. Sie stellen sich und die Forschung an die erste Stelle des Daseins. Für sie gibt es damit nichts Wichtigeres, als sich selbst und ihre Forschung.

Weder das Klonen von Menschen, noch der künstliche Mensch selbst, wird sich daher verhindern lassen. Die Wissenschaft, insbesondere die Mediziner, werden mit der Begründung alle bisherigen Krankheiten später mal heilen zu können, alles durchsetzen, was sie wollen (es ist ja auch für viele ein einträgliches Geschäft), unabhängig davon, wie viele neue Krankheiten und Probleme sie damit erzeugen werden. Aber neue Krankheiten sind ja auch nicht so ungewollt, denn ohne diese würden die Wissenschaftler, Mediziner und andere Personen, die hieran mitverdienen, ja bald keinen Beruf mehr haben. So erfüllt dies einen Selbstzweck (tausche eine Krankheit gegen zwei neue). Man kann hier auch Beispiele anführen: Als relativ neue Krankheiten kann man BSE bzw. Kreuzfeld-Jakob ansehen, sowie AIDS und Ebola (alles Virus-Erkrankungen, wobei hier die Vermutung groß ist, dass sie aus Labors kamen und nicht natürlich entstanden sind). Es werden nicht die letzten bleiben.

Mit Hilfe der Genanalyse lässt sich ein genetischer Fingerabdruck herstellen. Der Polizei hat dieses Verfahren bereits geholfen, Kriminelle einzufangen. In Zukunft könnten aber auch Arbeitgeber Gentests verlangen und dies zu einem Einstellungskriterium machen. Aus ihnen lässt sich entnehmen, ob eine Erbkrankheit oder andere Problematiken bestehen, die sich mit bisherigen Methoden nicht nachweisen lassen. Der gläserne Mensch der sich nicht nur auf Herz und Nieren prüfen, sondern bis auf die Gene schauen lassen muß, erhält dann nur noch einen Arbeitsplatz, wenn seine Gene auch einwandfrei im Sinne des Arbeitsgebers sind. Im Ausweis der Menschen wird ein Strichcode über den Zustand der Gene aufgedruckt sein, den man im PC einlesen kann. Mit einem Strichcodelesegerät kann der Arbeitgeber sich sofort alle Informationen über seinen Gesundheitszustand anzeigen lassen, auch über mögliche zukünftige Krankheiten, die meist erst im fortgeschrittenen Alter ausbrechen, wie beispielsweise *Morbus Alzheimer* oder die *Parkinson* Krankheit.

Makellos sollten die Gene auch für den privaten Bereich sein, vor der Heirat beispielsweise, denn es ist durchaus denkbar, dass Partner erst Eheverträge abschließen werden, wenn der Bräutigam oder die Braut nebst einem Aidstest auch einen Gentest gemacht hat. Wer eine Familie mit Kindern gründen will, will sich schließlich sicher sein, dass man auch den genetisch richtigen Partner sich dafür ausgesucht hat. Und einen gesunden Partner natürlich dazu. Denn sollte in seinem Erbgut beispielsweise der Hang zur Schizophrenie erkennbar sein, dürfte das wohl das Ende der Freundschaft gewesen sein, so groß die Liebe bis dahin auch war. Vielleicht wird es dann wieder vom Gesetzgeber ein Eheschließungsverbot wie im 3. Reich geben, bei der nur Paare heiraten durften, die als genetisch unbelastet angesehen wurden. Dann steht an erster Stelle der Beliebtheitsskala nicht mehr die Liebe oder das Vermögen eines Partners, auch nicht sein Aussehen oder seine Charaktereigenschaften, sondern seine Gene. Wer die besten Gene hat, kommt zusammen. Und deren Kinder haben voraussichtlich auch gute Gene, dank des hervorragenden Erbguts. Hieraus wird sich nach und nach eine neue Klassengesellschaft bilden – die der Supergenmenschen. Sie wird eine fürstliche Kaste bilden, der alle Türen im öffentlichen und privaten Leben offen stehen wird - und vor allem in der Arbeitswelt, bzw. in der Marktwirtschaft - und dadurch werden sie eine machtvolle Elite bilden können, an die die anderen Menschen nicht mehr heranzukommen vermögen. Aber ob die Supergenmenschen dann wirklich so super sind, nach heutigen menschlichen Gesichtspunkten betrachtet, wird sich dann erst noch herausstellen müssen.

Noch ist es so, dass Genmanipulationen möglichst nur an Embryonen durchgeführt werden sollen, damit später das optimal gestaltete Kind zur Welt kommen kann. Ein Kind, das dem Bildnis des vollkommenen und perfektionierten Menschen entspricht. Dabei ist hier die Frage, wer darüber letztendlich entscheidet wie dieses Bildnis auszusehen hat?

Die Wissenschaftler drängen die Politiker auch in Deutschland dazu, das hierzu bereitstehende Verfahren, die *Präimplantationsdiagnostik* (PID) zuzulassen, also die Embryoselektion im Labor, wobei *„Fehler"*, also auch genetische Defekte, ein Auswahlkriterium sind und die ausgewählten Embryonen dann entsorgt (getötet) werden, um möglichst nur noch perfekte Menschen zu erzeugen. Wobei die PID ganz klar gegen die Verfassung verstößt. Denn im Grundgesetz unter Art. 3 [Gleichheit vor dem Gesetz] steht (Absatz 3, Satz 2) *„Niemand darf wegen seiner Behinderung benachteiligt werden."*. Und das gilt auch schon für Embryonen und Föten. Eine Selektion im Labor, um den perfekten Menschen zu erschaffen, ist also nicht verfassungskonform. Vor allem bei der pränatalen Gendiagnostik, die die Schwangerschaft auf Probe ermöglicht (bis zur 20. Lebenswoche des Ungeborenen), ist dieser Grundgesetz-Artikel noch unentbehrlicher anzuwenden, da hier, bei der Abtreibung, schon weit entstandenes Menschenleben getötet wird. Abtreiben und töten, um nur noch *perfekte* Menschen überleben zu lassen? Würden wir dann leben? Sind wir perfekt? Oder sind wir nicht alle ein wenig *unperfekt*? Wären wir nicht auch einer Selektion zum Opfer gefallen, wenn es darum gegangen wäre, nur perfekte Menschen Leben zu gewähren? Ja kann es überhaupt den perfekten Menschen geben? Ist denn nicht das, was uns heute als erstrebenswert erscheint, nicht einfach eine Reflexion unserer Gesellschaft, und damit ein bloßer Zeitgeschmack?

Jedenfalls könnte zukünftig immer stärker der Trend dahin gehen, Kinder (selbst Erwachsenen) einer Genbehandlung zu unterwerfen, um sie physisch zu optimieren und optisch besser zu gestalten. Wobei das, was optisch optimal ist, der Zeitgeist entscheidet und damit eine Modeerscheinung ist, und diesen Zeitgeist werden die Werbefirmen der Gentechindustrien formen. Wenn der Zeitgeist sagt 1,90 Meter große Menschen sind *„in"*, sie haben die besten Aussichten damit im Berufsleben, in der Partnerwahl und in der Gesellschaft Erfolg zu haben (also Macht, Geld, Reichtum, Sex etc. zu bekommen), dann lassen sich für viel Geld an viele Leute genmanipulierende kosmetische Medizin verkaufen. Wenn aber nunmehr die Mehrheit der Menschen 1,90 Meter groß sind und Größe kein herausragendes Merkmal mehr ist, um damit Erfolg haben zu können, dann könnte die Werbung der

Gentechindustrie Kleinwüchsigkeit zum erstrebenswerten Ziel erklären lassen und die Vorteile besonders hervorheben, die kleinere Menschen nun mal haben. Nunmehr werden sich alle zum neuen Modetrend hin umorientieren und dem Zeitgeist entsprechend wieder kleiner werden wollen. Sollte das gentechnisch nun auch möglich sein, dann haben die Gentechfirmen wieder einen reichlichen Gewinn hieran. Und sollten die Körper der Menschen diese Eingriffe nicht mitmachen, dann verdienen sie wiederum, denn nun können sie ihnen ihre Medizin anbieten, die Heilung verspricht. Man nennt das *Big Business*.

Zum Big Business gehört wohl auch, dass man hin und wieder mal was macht, was man nicht sollte und eventuell auch nicht durfte. So werden selbst Frauen, die biologisch in der Regel keine Kinder mehr bekommen könnten, da sie schon weit über fünfzig/sechzig Jahre alt sind, von den Reproduktionsmedizinern zu Kindern verholfen (sofern sie gut zahlen), also wenn sie in einem Alter sind, bei der sie längst schon Oma sein könnten oder sind. Ob die Kinder aber viel Freude an einer derart betagten Mutter haben, ist fraglich. Die beste Lebenszeit ist das ja offensichtlich nicht mehr (so wie es die Natur angelegt hat), selbst wenn man noch 100 Jahre alt werden könnte. In dem Alter ist man halt schon oft von Krankheiten gequält und hat oft nicht mehr die nötige Kraft, die ein Kind abverlangt. Ob man dann unter diesen Umständen der Verantwortung gegenüber dem Kind gerecht wird, ist daher fraglich.

Eltern zu sein bedeutet aber nicht nur Freude zu haben, an dem neuen Erdenbürger, sondern bedeutet auch ein hohes Maß an Verantwortung ihm gegenüber zu tragen. Und Kinder haben auch Rechte, dessen sollte man sich auch immer bewusst sein, und zwar auf:

- Gesundheit; d. h. auf eine gesunde und körperliche Entwicklung

- elterliche Fürsorge durch <u>beide Elternteile</u> und ausreichend Kontakt mit ihnen

- Gewaltfreie Erziehung im Geiste weltumspannender Brüderlichkeit und des Friedens

- Schutz vor Grausamkeit, Vernachlässigung und Ausnutzung

- Liebe, Verständnis und Fürsorge - auch bei Pflegeeltern

- genügend Ernährung, Wohnung und ärztliche Betreuung

- Spiel, Freizeit und Erholung

- Bildung und unentgeltlichen Unterricht

- freie Meinungsäußerung, Information und Gehör

- Gleichheit; Unabhängigkeit von Rasse, Religion, Herkommen, Geschlecht

- Schutz im Krieg und auf der Flucht; Schutz vor Verfolgung

- Schutz vor wirtschaftlicher Ausbeutung

- besondere Betreuung bei Behinderung

- einen eigenen Namen und eine Staatsangehörigkeit.

Nun ist es aber noch immer so, dass die meisten Mütter, junge Mütter sind, ohne jegliche Erfahrung ein Kind großzuziehen (das gleiche gilt natürlich auch für Väter). Von daher wäre es ratsam, wenn Eltern einen sogenannten *Elternführerschein* machen (der allerdings leider erst noch eingeführt werden muß).

Für jeden ist es heute selbstverständlich, dass wir für eine fahrbare Blechkiste, namens Auto, einen Führerschein machen müssen, damit wir wissen, wie wir damit umzugehen haben und uns in der Welt damit bewegen sollen. Bei Lebewesen (unsren Kindern), die unserer Pflege und Liebe bedürfen, gibt es so was nicht. Das ist eigentlich schon ein gesellschaftlicher und kultureller Skandal, unserer *modernen* Zivilisation.

Wir müssen wissen (und sollten es schon vorher wissen), wie man einen Säugling bis hin zum Jugendalter pflegt, aufzieht und erzieht, ja sogar welche Rechte ein Kind hat. Nun bisher haben keine Eltern so etwas lernen müssen, weder in der Schule, noch später in der Zeit danach. Das Wissen wurde „*learning by doing*" vermittelt. Oftmals war aber gerade das zu wenig. In Zukunft werden diejenigen, die Eltern werden wollen, dass auch nicht mehr im Vorfeld lernen müssen, sondern sie nehmen eine Wissenspille ein (die hier wohl Pflicht werden würde) und erhalten so alle notwendigen Informationen die sie zur Aufziehung und Erziehung von Menschenkindern bräuchten. Bleibt zu hoffen, dass diejenigen, die Eltern werden wollen, keine Wissenspille brauchen werden, um zu wissen, wie man Kinder zeugt. Aber hier wird es sicher eines Tages die „*Kama Sutra*"-Ausgabe einer Wissenspille geben.

Eine Möglichkeit der genetischen Manipulation besteht darin, dass man Embryonen - mit dem Verdacht, dass sie Erbkrankheiten in sich tragen – ausselektiert (in Deutschland laut Embryonenschutzgesetz verboten; dieses Verbot soll allerdings aufgehoben werden, auf Druck der Forscher hin), bzw. die defekten Gene im befruchteten Ei gegen intakte austauscht. Der so korrigierte Embryo wird der Mutter dann implantiert. Diese Methode hierzu nennt sich Keimbahntherapie, man kann es auch als *Reparatur nach der Zeugung* bezeichnen.

Die *pränatale Gendiagnostik* ermöglicht die Fahndung nach einem Gen, welches für Erbkrankheiten verantwortlich sein könnte. Besteht die Möglichkeit (aber doch eine meist unbewiesene), dass das ungeborene Kind im Erbgut Krankheiten mit sich führt, so kann das Ungeborene abgetrieben und damit getötet werden. Man nennt das auch *Euthanasie im Mutterleib*. Ein krankes Kind wird so auch als Untermensch deklariert, dem man jegliches Recht auf Leben abstreitet, und dessen Richter sind die sogenannten Übermenschen, die das Maß an sich angesetzt haben, was nun ein Über- oder Untermensch ist, bzw. was krank ist und was nicht als krank zu gelten hat. So wird der Übermensch gewillt sein, die Embryonen, die sich gentechnisch optimieren lassen, auch zu optimieren, damit man Designer-Babys hervorbringen kann – die anderen werden entsorgt.

Mit medizinischen Diagnoseprogrammen (Gen-Fingerabdruck) kann man bereits bei einem Fötus vorhersagen, welche Eigenschaften das Kind später haben wird und nicht nur, ob das Kind gesund oder krank (behindert) zur Welt kommen wird. Solange die gesetzliche Möglichkeit der Abtreibung besteht, wird bereits hier selektiert werden, so dass es möglich wäre, nur einen bestimmten Typus von Kind zur Welt zu bringen. Die Abtreibung wird vermutlich sogar eines Tages gesetzliche Pflicht werden, da es zukünftig als höchst unmoralisch angesehen werden könnte, ein krankes Kind auszutragen. Zudem würde es den Staat und anderen

Institutionen Geld kosten, da die Pflege eines kranken Kindes mehr Geld und Zeit kostet, als die eines gesunden Kindes. Eltern kranker Kinder werden voraussichtlich von der Gemeinschaft sogar geächtet werden, da sie das Gesamtbild einer Supergenmenschengesellschaft stören.

Der Staat könnte mittels eines Eugenikgesetzes es den Schwangeren (oder schon vor der Schwangerschaft, bei anderen Befruchtungsverfahren, im Reagenzglas beispielsweise, wo man die Erbsubstanz überprüft, bevor überhaupt eine Eizelle die Uterus erreicht) zur Pflicht machen, Embryonen auf mögliche Gendefekte zu untersuchen und es den Ärzten überlassen, bei Verdacht darauf, dass das Kind später Krankheiten haben könnte, die erbbedingt sind, abzutreiben, bzw. eine Schwangerschaft nicht zuzulassen, womit auch den Eltern ein moralisches Problem genommen wäre, nämlich dass sie selbst nicht mehr entscheiden müssten, ihr Kind abtreiben zu lassen oder es zur Welt bringen zu müssen, möglicherweise mit schweren Krankheiten. Wer aber diese Gesetzespflicht umgeht und ein ungesundes Kind zur Welt bringt oder später ein krankes Kind hat (die Krankheit kann ja auch erst Jahre später ausbrechen), der wird von Rechts wegen aufgrund Kindesmisshandlung angezeigt und verurteilt werden. Diejenigen Eltern also, die die Möglichkeiten der Gentechnolgie nicht nutzen, machen sich strafbar, wenn sie sich weigern ihr Embryo auf Gendefekte untersuchen und gegebenenfalls entsorgen zu lassen. Das wird nicht nur eine elterliche Pflichtverletzung sein, sondern im Falle einer schwerwiegenden Krankheit beim Kind ein schweres Verbrechen. Während heute jedoch noch niedere Intelligenz als Krankheit betrachtet wird, wird das zukünftig mit der Wissenspille kein Thema mehr sein. Damit wird noch aus jedem Dummerchen ein schlaues Kind. Selbst wenn mal gewisse Daten vergessen werden sollten, sie lassen sich mit der Wissenspille immer wieder auffrischen. Also die Wissenspille als Medizin gegen das „*Down-Syndrom*".

Da es immer noch Länder gibt, wo Jungen als Nachwuchs gegenüber den Mädchen bevorzugt werden, und es sich nicht unbedingt absehen lässt, ob sich dies in Zukunft ändern wird, könnte es hier zu einem starken Überschuß des männlichen Geschlechtes kommen, was später Mangels weiblichen Gegenparts zu großen gesellschaftlichen Problemen führen kann, wie beispielsweise zu einer verstärkten Zunahme der Homosexualität. Das wiederum könnte dazu führen, dass in die Wissenspille Informationen eingespeist werden, die den Menschen vorschreiben werden, welche sexuellen Belange sie pflegen sollen. Möglicherweise wird auch die Keuschheit propagiert werden, damit die Erde sich nicht weiter überbevölkert.

In einer weiteren medizinischen Entwicklung (an der schon gearbeitet wird) könnte es sogar sein, dass zur Befruchtung bei einer gewollten Schwangerschaft (beispielsweise bei unfruchtbaren Männern) ein künstlicher Samen zur Befruchtung eingesetzt wird, der alle gewünschten genetischen Merkmale enthält, die der spätere Mensch haben soll, ausgesucht von den kommenden Eltern – aus einem Katalog. Das Designer-Baby wird so immer mehr zur Realität. Auch wäre es möglich, den befruchteten Fötus in einer künstlichen Fruchtblase bzw. Gebärmutter aufwachsen zu lassen, wobei die Schwangerschaft dann praktischerweise nicht mehr 9 Monate dauern würde, sondern weitaus weniger; vielleicht nur einen Monat, womit das Kindeswachstum erheblich beschleunigt werden muß. Das Ziel der Wissenschaftler aber wird es sein, einen künstlichen Eierstock mit künstlichem Samen zu befruchten, ihn in einer künstlichen Gebärmutter heranwachsen und innerhalb kürzester Zeit („*künstliche*") Menschen (auch *Homunkulus* genannt) entstehen zu lassen, die ganz den erforderlichen Bedürfnissen der Erzeuger, bzw. der Hersteller entsprechen. Das ist das erklärte Ziel der Wissenschaft. Noch deutlicher äußerte sich der an Größenwahnsinn leidende Neurowissenschaftler *Ron McKay*, in der international anerkannten Fachzeitschrift „*Sciences*", wo er behauptete: „*Wir sind besser als Gott, denn wir kontrollieren jeden einzelnen Schritt.*"

Und der letzte Schritt der selbsternannten Genies wäre, Gott herzustellen, damit sie selber zu einem Übergott werden können. Eigentlich fühlen sie sich bereits so, als wären sie es schon längst, da sie ja glauben, sie wären besser als Gott. Sie wollen Gott gegenüber übermächtig sein und ein noch besserer Schöpfer werden, als es Gott je sein könnte, indem sie künstliche Menschen erschaffen.

Ist das moralisch und ethisch verwerflich? Wobei hier unter den ethischen Grundsätzen beispielsweise „*Du sollst nicht töten!*" und „*Du sollst nicht Schöpfer spielen!*", wie auch „*Du sollst nicht Gott nachahmen!*" stehen kann.

Wenn ja, wenn es moralisch und ethisch verwerflich ist derart Schöpfer zu spielen und „*künstliches*" Leben zu schaffen, wie viel Mal mehr verwerflicher ist es dann, dass Krieg (welcher ja Menschenleben tötet) bis in unsere heutige Zeit hinein noch auf unserem Erdball wütet? Wie viel Mal mehr müssten sich die Menschen heute gegen jede Form von menschengefährdender Gewalt auflehnen? Und tun die Menschen es? - Vor allem, tun **Sie** es?

Wir müssen also lernen, mit den Begriffen „*Moral*" und „*Ethik*" sehr vorsichtig umzugehen. Es sind Werte, die der Mensch selbst geschaffen und sich auferlegt hat. Die Natur dagegen, kennt dies als geistlose Materie (und auch als Antimaterie) nicht. Und wenn man, als Atheist, davon ausgeht, das es keinen Gott gibt, so gibt es auch keinen von Gott vorgegebenen Ethos.

Auf dem Weg zum künstlichen Menschen ist die Wissenschaft bereits einen großen Schritt weitergekommen. Man hat beispielsweise einer genbehandelten Maus ein menschliches Ohr anwachsen lassen. Die medizinische Wissenschaft beabsichtigt in Zukunft es natürlich nicht bei diesem einen Ohr zu belassen, sondern sie will ganze Organe nachwachsen zu lassen (bereits als Medizin der Zukunft angepriesen), im Menschen selbst und außerhalb des Menschen. Alle Organe, die der Mensch inne hat. Wenn die Organe im eigenen Körper sich nicht selbst heilen und nachwachsen, dann sollen sie wenigstens bei künstlichen Menschen nachwachsen und zwar einzeln entnehmbar zur Transplantation.

In der ersten Phase der Forschung sollen hierfür Tiere als Träger dienen. So würde man beispielsweise beim Schwein oder beim Affen ein menschliches Herz wachsen lassen, was später einem herzkranken Menschen zu Gute käme. Tiere wären dann für den Menschen Organspender. In einer weiteren Phase würden dann die Organe künstlich erzeugt und die Tiere hätten als Organspender ausgedient. Die nächste Phase wäre hier, dass die Organe nicht alleine - d. h. einzeln – nachwachsen, sondern im Verbund miteinander. Das bedeutet, dass die Finger auch eine Hand haben, und die Hand hat einen Arm, und der Arm hat einen Torso, und der Torso hat die inneren Organe die durch künstliches Blut (das gibt es schon) am „*Leben*" gehalten werden. Alles ganz nach Wunsch, je nachdem wie es gebraucht wird. Auch bei Bedarf mit einem Kopf, zum Verpflanzen eines Gehirns.

Wobei dann hier die Frage lauten kann: Das Gehirn eines Menschen oder ein künstliches Gehirn? Natürlich hat man zwischenzeitlich auch daran gearbeitet künstliche Gehirne herzustellen. Sie glauben; das wäre undenkbar? Ist es aber nicht! Sobald die Wissenschaftler es herausfinden, wie man den Stoff des Gehirns, also das Gehirngewebe mit seinen Nervenzellen und Synapsen, selbst produzieren kann, werden sie es tun (erste Erfolge haben sie schon mit Stammzellen gemacht). Und das Wissen, das lässt sich nachher ja auch noch einbringen, mit Hilfe technischer Geräte oder durch Übertragung (mittels Neurotransmitter) von Gedankenimpulsen, also von einem natürlich gewachsenen Gehirn aus hin zu einem synthetischen Gehirn (und umgekehrt). Im Zweifelsfalle durch die Wissenspille.

Man stelle sich einmal vor, wir haben da so einen künstlich geschaffenen Menschen vor uns, mit dem Gehirn eines anderen Menschen. Aber man darf sich hierbei diesen künstlich erzeugten Menschen nicht so vorstellen, als würden er aus Kunststoff bestehen und eine synthetische Haut haben, sondern er hat schon Fleisch und Blut, allerdings künstlich erzeugtes, was sich sicherlich für den Menschen nicht merkbar von natürlichen Bestandteilen unterscheiden wird. Künstliche Haut wird in der Medizin ja auch schon hergestellt und angewandt (bei Brandopfern). Es ist so wie mit der Kunstfaser und der Naturfaser von Kleidungsstücken. Gute synthetische Fasern lassen sich auch kaum von den Naturprodukten unterscheiden. Jedenfalls nicht von Laien. Also, wenn man nun von jemanden, der einen Unfall hatte und dessen Körper zertrümmert wurde, sein Gehirn retten könnte und es in den künstlichen Körper hinein transplantierte, wie wollen wir ihn akzeptieren und respektieren? Der künstliche Körper unterscheidet sich ja auch äußerlich nicht von einem anderen Menschen, seine Haut fühlt sich ziemlich genauso an, nur der typische menschliche Geruch fehlt vielleicht noch, aber daran arbeiten die Wissenschaftler bereits. Jedenfalls verlief alles mit der Transplantation reibungslos und der künstliche Mensch, mit dem Gehirn eines Unfallopfers, steht nun vor uns. Wer nun sagt, der wäre für mich kein Mensch mehr, den akzeptiere ich nicht, was sagt er denn dann zu den Menschen, die bereits heute schon ein künstliches Herz haben, weil ihr altes natürliches Herz nicht mehr schlagen wollte?

Nun wenn es den künstlichen Mensch geben würde, der auch ein künstlich erzeugtes Gehirn hätte, dann würden wir doch viel leichter sagen können, den akzeptieren wir nicht, da ist ja gar nichts Natürliches und Menschliches mehr dran. Würden wir aber dann nicht den Menschen auf seine Gehirnmasse reduzieren? Macht das menschliche Gehirn allein den Menschen zum eigentlichen Menschen? Oder ist es nur der Charakter, seine Persönlichkeit und seine natürlichen Eigenschaften, die des Menschen Wesen sind? Und sein Körper gehört auch dazu, oder? Derzeit versuchen die Molekularbiologen den Spezies Menschen auf seine Gene zu reduzieren, als Motto: „*Human Genom* = *Homo sapiens*" (das Genom ist die Gesamtheit aller Gene eines Organismus). Damit dürften sie wohl kaum der Realität gerecht werden. Gerechtigkeit erfahren sie deshalb hier auch nur in übertriebener Selbstgerechtigkeit.

Zu den menschlichen Eigenschaften gehört aber noch viel mehr, als die genetisch vorgegebenen und damit determinierten Eigenschaften, wie beispielsweise das Streben nach Macht, Ansehen und Einfluß. Wichtig sind ihm auch Geld, Reichtum, Schönheit, Liebe und Sex. Bleibt noch Angst, Feigheit, Wissbegier, Forschungsdrang und so weiter. Dies spielt sich alles in allen Ebenen ab, auf der kleinen Bühne wie auch auf der großen Showbühne. Es macht das Leben erst interessant, aber auch kompliziert. Und es hat bisher immer einer gesunden Entwicklung des Menschen im Wege gestanden und es scheint sogar so, als bliebe dies auch in Zukunft so beibehalten. Denn sollte der Mensch diese Eigenschaften verlieren, dann wäre es fraglich, ob wir dann noch vom Menschen sprechen könnten. Kann der „*Mensch*" der künstlich aus einem biologischen Baukastensystem erstellt wurde, gleiche Gefühle entwickeln wie die natürlichen Menschen? Sind es aber seine Eigenschaften, die den Menschen zum Mensch machen, dann ist auch ein künstlich erzeugter Mensch ein Mensch, dem diese Eigenschaften mitgegeben wurden.

Während wir natürlichen Menschen uns aber darüber Gedanken machen, ob wir diese künstliche Wesen als Menschen achten wollen oder nicht, wird dergleichen eine Elite vor unserer Nase erzeugt werden, welche uns Menschen mit Hochmut begegnen könnte (auch eine Eigenschaft, die ihnen dann mitgegeben wurde, um nicht mitleidig mit uns Menschen zu sein). Während der natürliche Mensch seinen Verstand mit Wissenspillen aufpolieren muß, sind die künstlichen Gehirne schon auf dem aktuellsten Wissenstand. Zudem halten möglicherweise die künstlichen Körper mehr aus als die natürlichen Körper. Die Roboter dagegen haben sich nie so recht als Menschenersatz durchsetzen können, da sie an die Leistung des künstlich erzeugten Menschen in vielen Bereichen nicht herankamen und zudem sehr teuer und aufwendig in der Herstellung waren. Dennoch braucht man sie nach wie vor in unzähligen Bereichen und sie sind eine sinnvolle Ergänzung zum künstlichen und wahrlich auch zum natürlichen Menschen.

Eine Frage, die sich hier stellt, ist, können die natürlichen und die künstlich erzeugten Menschen friedlich und kooperativ miteinander leben?

Sie werden es müssen, denn sie werden voneinander abhängig sein. Da die künstlich erzeugten Menschen in wichtigen Positionen in der Arbeitswelt eingesetzt werden, werden sie eine wichtige Rolle spielen, auch im gesellschaftlichen Leben.

Und im privaten Miteinander? Werden sich dort Partnerschaften zwischen ihnen bilden?

Angesichts der Tatsache, dass heutzutage in der Sexualität bei manchen Menschen aufblasbare Gummipuppen eine Rolle spielen, die als Ersatz eines nicht verfügbaren Partners dienen sollen, ist es naheliegend, dass einsame Menschen sehr wohl die Nähe eines künstlich erzeugten Menschen zu schätzen wissen werden. Und wer weiß, vielleicht sind es ja auch gute, gebildete und einfühlsame Gesprächspartner. Vielleicht sind sie so programmiert, dass sie den natürlichen Menschen notwendige Zuneigung geben, wie sie sie sonst untereinander nicht bekommen würden. Dann wird der künstliche Mensch des natürlichen Menschen bester Freund werden.

Bleibt an dieser Stelle die Frage, ob die natürlichen und die künstlich erzeugten Menschen sich vermehren können, auf natürliche Art und Weise, durch Beischlaf? Ja könnten sogar ganz künstliche Menschen untereinander sich befruchten und Nachwuchs zeugen, wie es die Menschen seit jeher getan haben, was sie quasi wieder zu natürlichen Lebewesen machen würden? Hier werden die Grenzen eines Tages wohlmöglich verwischt werden zwischen natürlichem und künstlichem Leben. Ja die Frage überhaupt ist, wo fängt Leben an?

So gehört dazu auch die ethische und moralische Frage (der Medizin), ob man einen wenige Tage alten Fötus töten darf? Damit verknüpft ist die Frage: darf man einen Fötus als Sache behandeln, dem man jegliches Leben abspricht oder ist die Verschmelzung von weiblicher Eizelle und männlicher Samenzelle schon ein eigenständiges Leben, bzw. ist das Embryo als Lebewesen zu betrachten? Auch dann, wenn es zu keiner natürlichen, sondern zu einer künstlichen Befruchtung im Reagenzglas kam? Also nochmals, wo fängt Leben an? Darf man mechanischen oder chemischen Abläufen, welcher Art sie auch immer seien, Leben zusprechen?

Sind die Embryonen, die auch nur mechanische, bzw. chemische Abläufe sind, lebendig? Oder sind sie toter Zellstoff? Ja, ist dieses Material quasi der lebende Tod oder ist es eine tote Substanz, die irgendwie doch lebt? Ist es nicht so, dass leblose Materie, wie von Gotteshand angeleitet, sich so lange komplex organisiert und strukturiert, bis Leben entstanden ist? Wobei man Leben gerne dahingehend definiert, das lebende Geschöpfe von selbst lebensfähig sein müssen, bevor man ihnen eigenständiges Leben zuspricht, also erst nach der Geburt. Oder ist die Lebhaftigkeit nicht doch schon mit der Verschmelzung von Samen und Eizelle gegeben, wo dieser Akt der notwendige Lebensfunke ist, der den Start zum Leben gibt?

An diesen Fragen scheiden sich die Geister, bei Philosophen wie bei Medizinern, bei Theologen wie bei Biologen, denn sie sind genauso wenig direkt zu beantworten, wie einst *Zenons Paradoxon der Unmöglichkeit einer Bewegung*. Die Antwort steckt aber in folgender Metapher:

Zenons Paradoxon besagt, dass ein fliegender Pfeil gar nicht fliegt, bzw. sich in Wirklichkeit überhaupt nicht bewegt, wenn man ihn nur in einem bestimmten Augenblick betrachtet, indem er dann für uns stillzustehen scheint. Bewegung gäbe es also in Wahrheit gar nicht, behauptete er. Der Flug ist nur eine Simulation, eine Aneinanderreihung bewegungsloser Zustände, die wir als Bewegung betrachten würden. Wenn wir den Menschen ebenso nur unter diesem Aspekt des Bruchteils einer Sache betrachten würden, also nur seine materiellen Bestandteile bewerten wollen (wie beispielsweise seine Gene), dann ist der Mensch nichts weiter als tote Materie, bewegungslos, erstarrt zu seinen Elementen, dann lebt er nicht. Aber im Gesamten betrachtet ist er sehr lebendig und lebt vom ersten Augenblick an (wie auch der Pfeil im Flug vom ersten Zeitpunkt an fliegt), denn erst in der Gesamtheit ist sein Leben zu erkennen, wenn er sich von seinen einzelnen molekularen Fragmenten löst und sich zugleich bindet zu einem großen allgegenwärtigen *Etwas*, was wir *lebender Mensch* nennen, also von der ersten Sekunde seiner Entstehung an, bis hin zu seinem Tode. Eben so, wie der Pfeil auch wirklich ein fliegender Pfeil ist, vom Start an betrachtet bis hin zu seinem Ziel. So ist die Frage, ob das Leben bereits mit dem Embryo anfängt, mit „**ja**" zu beantworten. Das heißt, töten wir ein Embryo, so töten wir Leben, auch wenn es erst in der Anfangsphase seiner Entstehung ist. Damit ist auch Abtreibung **Mord**!

Von daher ist der Standpunkt der Katholischen Kirche, insbesondere ihres Papstes, richtig, Abtreibung nicht gutzuheißen und diese auch nicht unterstützen zu wollen. Sicherlich gibt es nun genügend Frauen, die eine Abtreibung hinter oder vor sich haben, die das ganze gerne etwas laxer sehen wollen, damit ihr Gewissen die Seele nicht auffrisst (sofern sie überhaupt Gewissensbisse hierbei empfinden). Es könnte im Einzelfall auch durchaus schwerwiegende Gründe für eine Abtreibung geben, beispielsweise wenn das heranwachsende Lebewesen so krank geboren werden wird, das es aus eigener Kraft nicht leben wird können und ständig an eine Überlebensapparatur angeschlossen sein müsste, in Einbezug größter Qualen für Eltern und Kind, aber eine hoher Anteil bezieht sich eben auf wirtschaftliche und psychologische Motive. Insofern ist Abtreibung in den meisten Fällen auch abzulehnen und nicht ethisch vertretbar.

Die schlauen Mediziner machen sich aber in dieser ganzen Debatte einen Umstand zunutze, der es sekundär werden lässt, ob mit dem Vernichten von Embryos zu medizinischen Zwecken Leben getötet wird oder nicht.

Der Todkranke, der um sein Leben winselt, hat die Wahl zu entscheiden: zu sterben oder den Medizinforschern die Einwilligung zu geben, alle ethischen Schranken brechen zu dürfen, um ein Mittel gegen seine Krankheit zu finden. Dem Todkranken, der weiter leben will, ist es egal, wie viele Embryonen dafür gebraucht, verbraucht und missbraucht werden. Ihm ist es auch gleichgültig wie viel ungeborenes Leben dafür sterben muß, damit er weiter leben kann. So ist ihm auch alle Ethik und Moral egal, selbst die ganze Weltgemeinschaft kann ihm dann einerlei sein, wenn er doch dafür gesund werden kann. Und die Mediziner bieten ihm es an, so als wenn der Teufel seine Seele kaufen wolle für sein Fegefeuer. Und es ist ihm ein einträgliches Geschäft, denn es gibt viele Kranke und Todkranke. Die Genom-Konzerne werden deshalb bei jedem kleinsten Protest, selbst bei dem leisesten Aufschrei, gegen ihre Forschung und gegen ihre Vermarktungsstrategien, die Kranken ins Felde für sich ziehen lassen. Denn wer will sich schon ihnen entgegenstellen? Niemand! Denn es könnte uns ja auch treffen, sollten wir krank werden. Und dann würden wir für diesen Fall die Seiten wechseln wollen. Aber wir hätten dann wohl die wohlwollende Hilfe der Mediziner nicht mehr zu erwarten.

Wir sollten daher die Frage, wie wir es selbst halten wollen, schon jetzt an uns selber richten. Würden wir, wenn wir (tod-)krank wären, auch alle Forschung zu unserer Genesung zulassen wollen oder nicht? Würden wir, wenn uns die Natur eigene Kinder verwehrte, nicht auch die Mediziner um Hilfe bitten, selbst wenn es die Selektion von Embryonen im Labor bedeuten würde?

Halten wir uns dazu auch mal ein deutliches Beispiel vor Augen, damit man die Situation besser verstehen kann. Wenn ein junger Familienvater oder eine junge Mutter mit Kleinkindern, die schwer erkrankt sind, sagen, dass sie auf jede Ethik und Moral gerne verzichten würden, wenn sie nur geheilt werden und am Leben bleiben können, damit sie für ihre Kinder da sein dürfen, um sie zu versorgen und ihnen die nötige Liebe zu geben, die sie brauchen. Werden wir diesen Menschen ihre Einstellung verdenken können? Erst wenn wir die Verzweiflung dieser Menschen verstehen, können wir uns erst ein weitreichendes Urteil erlauben und notfalls auch Kritik.

Und wenn die Mediziner erst einmal ein paar Todgeweihten mittels Klontechnik ihr Leben verlängern konnten, möglicherweise eben das einer solchen jungen Mutter (oder Vater), dann wird niemand mehr darauf verzichten wollen, die Heilung hieraus auch für sich selbst anwenden zu dürfen und in Anspruch zu nehmen, weil wir alle an unserem Leben hängen, egal was danach mit der Menschheit geschieht. *„Nach mir die Sintflut!"* wird die gängige Devise lauten. Also warum nicht auch künstliche Menschen schaffen, die als Ersatzteillager für den natürlichen Menschen dienen könnten, wie es die Medizinforscher vorhaben? Ist das nicht human? Oder ist es inhuman?

Für alle Kranken ist das jedenfalls ein echter Hoffnungsschimmer. Und warum sollte man nicht die Wissenspille schnell weiter entwickeln, wenn sie doch den Medizinforschern helfen kann, noch schneller neue Mittel zu finden, um jegliche erdenkliche Krankheiten besiegen zu können? Das beruhigt doch auch die Gesunden. Denn der Umstand des Lebens ist, dass nur ein Teil der Lebensphase eine Phase mit gesundem Körper ist (wenn überhaupt), aber ein anderer Teil dieser Phase der Körper so einige Leiden hinnehmen muß. Von den Kinderkrankheiten bis hin zu schwersten Alterserkrankungen, möglicherweise auch mit tödlichem Ausgang. Untersagen wir nun den Medizinern Embryonen für Forschungszwecke zu töten, dann sind wir in dem Dilemma, das wir zwar zur

Zeit das Recht auf Leben bei den Embryonen gewahrt haben, aber dafür, weil wir die Forschung behindert haben, viele Menschen in den Tod schickten, die vielleicht hätten noch gerettet werden können, wenn den Medizinforschern die Chance nicht verbaut gewesen wäre, rechtzeitig das richtige Medikament zu finden.

Erlauben wir aber den Medizinern jegliche Art von Forschung, auch wenn sie Leben (beispielsweise Föten) töten, womit sie vielleicht wirklich rechtzeitig Medikamente für Hunderte Millionen schwerstkranker Menschen finden und dann deren ihr Leben verlängern können, machen wir uns mitschuldig daran, dass dadurch die Bevölkerungsexplosion weiter zunimmt, es daraufhin später zu weiterer katastrophaler Umweltverschmutzung kommt und es soziale Unruhen gibt, wobei durch diese Unruhen und der großen Umweltzerstörung viele hunderttausende Menschen sterben werden, an deren Tod wir dann indirekt mit Schuld tragen würden, durch unsere vorherige Entscheidung.

Es ist also egal, wie wir das Blatt wenden, mitschuldig machen wir uns so oder so. Oder wir lehnen es grundsätzlich ab, eine Schuld anerkennen zu müssen, egal wie wir uns entscheiden, denn andererseits retteten wir ja auch Leben, unabhängig davon wie unsere Entscheidung auch gefallen war. Und es wäre eine rein hypothetische Frage, mit welcher Entscheidung man mehr Leben retten würde. Angesichts der Überbevölkerung der Erde muß die Frage also gestellt werden, wo es hinführen wird, wenn der natürliche Tod dank moderner Medizin für Jahrzehnte weit hinausgezögert oder später einmal gar für Jahrhunderte verhindert werden kann. Der Tod wäre dann nur noch durch unnatürliche Umstände möglich, also durch Einwirkung von Gewalt. Das würde aber wiederum Menschenrecht und Menschenwürde verletzen, nämlich das „Recht auf die Unverletzlichkeit des Lebens". Insofern kann und darf es eigentlich nicht unser (ethisches) Ziel sein, den natürlichen Tod unterbinden oder weit hinauszögern zu wollen (und zu können), um den Tod dann mit unnatürlichen Mitteln, durch Gewalt, herbeiführen zu müssen.

Und hier steckt die ganze Ethik(diskussion) in einem Dilemma, denn gleichzeitig muß sie dem Kranken auch das Recht auf Heilung zubilligen mit medizinischen Mitteln, was eine Verlängerung des Lebens bedeutet, weil das Menschlichkeit ist. Selbst Verlängerung um viele Jahrzehnte, oder gar Jahrhunderte, falls möglich. Und sie ist auch in diesem Dilemma, weil die

Menschenwürde und das Menschenrecht jede mögliche Heilung und Lebensverlängerung abverlangen. Man könnte hier auch sagen: *„die Katze beißt sich selbst in den Schwanz"*. Der Grundsatz der Ethik bejaht und verneint sich also in der gleichen Frage. Aus diesem Konflikt gäbe es nur einen Ausweg, wenn man die Menschen, die quasi *zuviel* auf der Erde sind, auf andere Planeten (beispielsweise auf dem Mars) ansiedeln würde, wo sie weiterleben könnten (wenn sie dort überhaupt hinwollten). Aber wie will man Milliarden Erdbewohner ins Weltall schicken? Das Raumschiff müsste ja dann mindestens schon so groß sein wie die Erde selbst.

So mancher Physiker träumt daher von einem Zeitloch, indem die Menschen hineingehen können und in einer anderen Welt wieder hinauskommen. So wie es im Sciencesfiction-Film *„Stargate"* vorgemacht wurde. Es würde aber bedingen, dass zur selben Zeit am selben Ort, egal wo wir uns auf der Erde befänden, noch eine andere jenseitige Welt existieren würde, die wir mit einem Zeitsprung durch ein sogenanntes *„Stargate"* erreichen könnten. Aber die Bedeutung *„gleicher Ort"* (der Begriff *„Ort"* ist schon an sich ein Abstraktum), ebenso wie *„gleiche Zeit"*, *„Gleichzeitigkeit"* oder *„Zeitgleichheit"*, wo auf jeden Fall der abstrakte Begriff *„Zeit"* mitenthalten ist. Diese Thematik hatte ich aber auch schon 1989 in meiner **Realitätstheorie** behandelt (im Internet zu lesen unter *„www.urformel.de"*), von daher empfehle ich, auch dort nachzulesen.

Solche Phantasien helfen dem Homo sapiens sapiens (dem Jetztmenschen) aber auch nicht weiter, denn wir müssen uns jetzt entscheiden, wie wir mit der Welt, mit dem Leben, mit der Mutter Erde, mit uns und unseren Kindern, ja mit all unseren Problemen, Hoffnungen und Möglichkeiten weiter verfahren wollen. Wollen und sollen wir die Forschung ungezügelt loslassen, um zu sehen, wohin sie uns bringt? Oder sollen wir die Zügel lieber anziehen und die Forschung nur in die Richtung weitergedeihen lassen, die wir selbst aus Verantwortung für uns und unseren Kindern und Mitmenschen haben wollen, auch wenn wir das genaue Ziel nicht kennen?

Ja, was ist eigentlich unser Menschheitsziel?

Unser Ziel heißt Zukunft! Unser Ziel heißt Leben - und leben lassen! Unser Ziel heißt aber auch, in Harmonie mit der Natur und in Frieden mit unseren Mitmenschen zu leben. Auch dass alle ein Minimum an Wohlstand erreichen können. Der Weg ist also das Ziel! Und wie können wir das erreichen? Mit einer ungezügelten Wissenschaft sicher nicht. Aber auch nicht mit einer ungezügelten

Marktwirtschaft, die sich ja auch einander bedingen. Suchen und finden wir also lieber die „goldene Mitte". In diesem Sinne sollten wir also auch zukünftig auf eine Mittelstandspolitik setzen, die nur eine Forschung zulässt, die auch ihrem Wesen (der goldenen Mitte) entspricht.

Eine weitere Frage hierzu ist, die in letzter Zeit in der Ethikdiskussion stärker diskutiert wurde, ob man einem Embryo schon eine Menschenwürde zusprechen kann (darf und soll)? Erst aber muß einmal geklärt werden, was überhaupt „Menschenwürde" ist, d. h. wie genau definiert sie sich? Definiert sie sich so, dass man einzig den bereits geborenen Menschen „Menschenwürde" zusprechen kann?

Wenn ja, dann braucht man diese Grundsatzfrage erst gar nicht zu stellen, da sie sich ja schon von selbst beantwortet. Ist sie aber so definiert, dass man auch dem ungeborenen Menschenleben „Menschenwürde" zuerkennen kann, so stellt sich diese Grundsatzfrage ebenso wenig, da sie auch hier sich von selbst beantwortet. Ist sie aber nicht unzweifelhaft definiert, so liegt das Problem eindeutig in der Definition des Begriffs "Menschenwürde" und man muß erst einmal klären, bzw. genauestens definieren, was denn nun die „Menschenwürde" überhaupt ist und auf wen sie zutrifft. Dem Deutschen Grundgesetz nach steht Würde jeden Menschen zu. Und zwar ist der Schutz der Menschenwürde das erste Grundrecht der deutschen Staatsbürger:

Art. 1. [**Schutz der Menschenwürde**]

(1) Die Würde des Menschen ist unantastbar. Sie zu achten und zu schützen ist Verpflichtung aller staatlichen Gewalt.

(2) Das Deutsche Volk bekennt sich darum zu unverletzlichen und unveräußerlichen Menschenrechten als Grundlage jeder menschlichen Gemeinschaft, des Friedens und der Gerechtigkeit in der Welt.

Und hierauf dürfen wir uns in der Ethikdiskussion auch beziehen. Auch wenn die Definition der „Menschenwürde" philosophisch etwas relativ Ungeklärtes ist. Ist die Definition aber einmal genauestens geklärt worden, stellt sich dann schon wieder diese

Grundsatzfrage *"ob man einem Embryo Menschenwürde zusprechen kann oder nicht"* womöglich nicht mehr.

Selbst in einschlägigen Nachschlagewerken findet man nur selten den Begriff *"Menschenwürde"*. Dann auch nur in der Definition *"Achtung vor dem Menschen"*. Dies ist aber für eine Grundsatzdebatte entscheidend zu wenig und zu ungenau, denn man kann ja vor einem Embryo ein gewisses Maß an Achtung haben und es dennoch töten. Von daher sollte man in einer Grundsatzdiskussion diesen Bergriff möglichst vermeiden. Besser ist es vom *"Menschenrecht"* zu sprechen, denn die Menschenrechte sind genauer definiert, nämlich beispielsweise das Recht auf *"die Unverletzlichkeit des Lebens"*. Und da das Embryo schon als Leben zu betrachten ist, hat es auch ein Recht auf seine Unverletzlichkeit.

Artikel 3 (der allgemeinen Menschenrechte)

Jedermann hat ein Recht auf Leben, Freiheit und Sicherheit der Person.

Und wenn wir uns damit einverstanden erklären, dass ein Embryo schon eine menschliches Geschöpf ist (auch wenn es erst der Beginn hierzu ist), dann gilt auch für Embryonen die *Allgemeine Menschenrechtskonvention* und damit der darin enthaltenen Artikel 3, das *"Recht auf Leben"*. Das deutsche *Bundesverfassungsgericht* bestätigte bereits, das sich entwickelndes Leben von Beginn an Schutz und Menschenwürde zusteht, also bereits mit der Verschmelzung von Ei und Samenzelle an. Das Embryo ist also schon ein Mensch mit vollen Rechten und steht unter dem Schutz des Grundgesetzes, insbesondere durch *Artikel 1 [Schutz der Menschenwürde]*, indem der Staat auch verpflichtet ist, die Menschenwürde zu achten und zu schützen.

Jedoch haben die Menschenrechte, als auch die Kinderrechte, einen entscheidenden Nachteil. Sie lassen sich von Staats wegen außer Kraft setzen. Auch liegt es in der Hand des Staates, mittels seiner Staatsmacht, inwiefern Menschen- und Kinderrechte geachtet und gefördert werden. Und – ebenso wichtig – die Staatengemeinschaften können die Inhalte der Menschenrechtskonvention, als auch die Rechte der Kinder, abändern. Unter dem Druck gigantischer Biotechkonzerne ist ein solcher Schritt durchaus denkbar. Letztendlich werden Änderungen hier für die

Biotechindustrie auch zwingend sein, da die bisherigen Rechte zum einen ihrer Forschung im Wege stehen und zum anderen hier das Potential von weitreichenden Klagen liegt. Deshalb haben sie inzwischen auf hoher politischer Ebene auch schon gefordert, das *„Recht auf Forschung"* über alle anderen Rechte zu stellen. Und es wird später eine Frage des Widerstands der Bevölkerung sein, ob und wann es soweit kommt. Die Politik jedenfalls dürfte nicht abgeneigt sein, den Wissenschaftlern (und der dahinter stehenden Industrie) zuzustimmen, wenn die Bedingungen (in der Gesellschaft) hierfür geschaffen sind (freiwillig oder unfreiwillig). Und man wird der Bevölkerung erzählen wollen, es sei ja nur zu ihrem Gunsten, denn die Forschung muß neue Medikamente entwickeln, damit sie all die vielen Kranken wieder gesund machen kann. So werden die Grenzbrecher als edle Samariter dargestellt. Eine Täuschung! Man bricht Grenzen und Tabus nicht, weil man ein edler Samariter ist, die Mediziner tun es in der alltäglichen Praxis um Karriere zu machen, um es anderen zu zeigen, dass sie es weiter bringen werden als ihre Mitkonkurrenten, Freunde oder Verwandten. Da ist ihnen jedes Mittel recht - und Grenzen zu durchbrechen schon eher ein Sport als ein Dilemma. Der Ego ist primär der Antrieb hierzu, aber nicht der romantisch verklärte Wille den Mitmenschen dienen und helfen zu wollen. Schon mal gar nicht uneigennützig und ohne Entlohnung. Ganz im Gegenteil, das gute Geschäft steht im Vordergrund, das Streben nach Wohlstand und Anerkennung, ja letztlich die Eitelkeit und Selbstverliebtheit dieser Menschen. Der edle barmherzige Ritter ist daher heutzutage ein Amenmärchen, das immer dann aufgetischt wird, wenn es gilt der Bevölkerung erklären zu müssen, wie wichtig es ist neue ethische Barrieren durchbrechen zu *müssen*. Humanität (Barmherzigkeit) wird zur Legitimationsübung herabgewürdigt, mit den Menschen alles machen zu dürfen, was man im persönlichen Karriereplan vorsieht.

In der Diskussion um Menschenwürde und Menschenrechte (auch Kinderrechte) gehören die Begriffe *Ethik* und *Moral* mit hinein. Es sind zwei Begriffe, deren Inhalte ebenfalls dynamisch und nicht grundsätzlich konkretisierbar sind. **Während die Moral eine individuelle Angelegenheit ist**, bei der jeder Mensch für sich selbst entscheidet, was er als sittlich zulässt oder nicht, und er auch selbst darüber entscheiden will (als Teil seiner Persönlichkeit), welchen sittlichen Regeln und Normen er sich unterwerfen mag (und er auch von anderen erwartet, dass sie seinen sittlich guten, tugendhaften und anständigen Idealen folgen), **spiegelt dagegen die Ethik das allgemein sittliche Verlangen einer ganzen Gesellschaft wider**, nach welchen moralischen Grundsätzen sie leben will. So stellt sie aber erst auch das Sittengebäude auf. Bevor man also die Begriffe *Moral* und *Ethik* in eine Grundsatzdiskussion einbringt, muß vorab geklärt sein, was sie beinhalten. Man kann also nicht argumentieren, die Genomforschung bricht die Schranken der Ethik, wenn man sich nicht im Klaren ist, wie die Ethik eines Volkes überhaupt festgelegt wurde und wie sie definiert ist, also wo ihre Grenzen liegen. Und das kann von Nation zu Nation sehr unterschiedlich sein. Aber auch innerhalb einer Nation durch die unterschiedlichen Religionen (Christentum, Islam, Buddhismus etc.). Um das aber herauszufinden, muß zuvor das Volk befragt werden. Ein von Staats wegen einberufener nationaler Ethikrat, wie vom deutschen Bundeskanzler Anfang des Jahres 2001 angeordnet und am 2. Mai von der Bundesregierung beschlossen (aber am gesetzgeberischen Bundestag vorbei, womit ein wirklich unabhängiger Ethikrat verhindert wurde), dessen Zusammensetzung klar die Wissenschaft und die dahinterstehende Industrie vertritt, mit der klaren Ausrichtung eine *Nationale Bio-Ethik-Konvention* zu erstellen, die ein Legitimationspapier für die Wissenschaft und Biotechindustrie sein soll. So wird dieser Ethikrat grundsätzlich nur ein Sprachrohr der Regierung sein und damit allenfalls deren momentane opportune Moral ausdrücken, die wie eine Fahne im Wind flattert, aber niemals ehrlich den Volkswillen widerspiegeln kann, dafür eher den Willen der Wissenschaft und der dahinterstehenden Industrie. Auch dann wird es nicht redlicher, wenn diese Regierung behauptet, sie seien ja schließlich als Volksvertreter frei gewählt worden und verträten damit die allgemeine Meinung des Volkes. Das stimmt so aber nicht, denn der Gesetzgeber kann keine ethische Norm vorgeben, sondern lediglich ein gesellschaftliches Übereinkommen in eine rechtliche Form bringen. Um das ethische Gebäude einer Nation erfassen zu können, ist aber eine Volksbefragung notwendig (mehr hierzu können Sie im Internet unter: „**www.welt-ethik.de**" entnehmen). - Die Moral dagegen ist und bleibt Eigentum des kleinen Mannes und sie ist damit frei veräußerlich und käuflich. Diesen Aspekt haben sich die Politiker schon immer zunutze gemacht und mit Wahlgeschenken und Versprechungen dem kleinen Mann von der Straße ihre Stimme abgekauft. Moral als Dienstleistungstauschobjekt. Diesen Umstand werden sich auch zukünftig vermehrt die

Biotechfirmen zunutze machen, wenn sie für ihre Produkte und die dahinter steckende (oftmals äußerst bedenkliche) Forschung werben wollen.

    Es wird in den wissenschaftlichen Labors aber nicht dabei bleiben, eine gute Kopie des Menschen zu erzeugen, sondern man braucht künstliche Lebewesen (insbesondere gehorchende), noch für ganz andere Aufgaben. So wird man eine Armee aus künstlichen Lebewesen herstellen wollen, um sie in den Krieg schicken zu können. Auch braucht man sie eines Tages für Expeditionen tief in den Weltraum hinein, da sie dort überlebensfähiger sind, als wir Menschen, ja wo überhaupt andere Lebewesen gar nicht existieren könnten. Aber kann sich der natürliche Mensch dann noch durchsetzen? Wird er eine übergeordnete oder nur noch eine untergeordnete Rolle spielen? Wenn wir das auch nicht mehr miterleben werden, und diese Frage nun unbeantwortet bleiben muß, unsere Kinder und Enkel könnten später in hohem Alter dies vielleicht doch noch miterleben und diese Frage beantworten. Nur wir selber werden es wohl nicht mehr erfahren. Es sei denn, die Mediziner finden schon recht bald das Mittel, das die Menschen nicht Altern lässt. Dann haben auch wir die Chance, das alles noch miterleben zu dürfen. Aber ob das eine Gnade sein wird, oder vielmehr ein Fluch, wird sich noch zeigen müssen.

Die Rechte der Kinder

Wer sich an der Ethikdiskussion beteiligen will, der sollte auch bestens Bescheid wissen über die *Konvention der Rechte des Kindes* und der *Menschenrechtskonvention*, darum sind sie in diesem Buch mit abgedruckt. Aber auch das Wissen über andere Rechte, wie beispielsweise das Naturrecht, könnten hierbei von Nutzen sein.

Das Naturrecht beispielsweise ist ein Recht, welches sich nicht auf die menschliche Autorität begründet, vielmehr ist es den von Menschen gesetzten Rechten vorgelagert und bedarf daher keiner weiteren Legitimation, beispielsweise durch den Staat. Es beansprucht daher für jede Staatsinstanz - und überhaupt für jeden Menschen - unbedingte Verbindlichkeit. Es ist damit ein überstaatliches Recht und zudem das grundlegendste Grundrecht der Menschen überhaupt. Es ist nämlich den Menschen ein angeborenes Recht (darunter auch beispielsweise das Recht auf Vater und Mutter oder den Tod). Jeder Mensch besitzt daher in gleichem Maße gleiche Naturrechte, es sind unabänderliche und unsterbliche Rechte.

Ferner gibt es noch eine Reihe völkerverbindlicher Rechte, wie beispielsweise der *„Internationaler Pakt über bürgerliche und politische Recht"* oder der *„Internationaler Pakt über wirtschaftliche, soziale und kulturelle Rechte"* sowie speziell für Europa die *„EMRK"* (Europäische Menschenrechtskonvention). Kenntnisse hierüber zu haben, ist von großem Vorteil bei einer Ethikdiskussion, um den forschen Wissenschaftlern – sowie den Politikern - Einhalt gebieten zu können.

Die meisten von Menschen verfassten Konventionen sind aber noch allesamt verbesserungswürdig, insbesondere dann, wenn sie den Einsatz militärischer Gewalt nicht untersagen und den Griff zur Waffe erlauben. Kinder (Jugendliche), die gerade 16 Jahre geworden sind, dürfen laut Artikel 38 der *Kinderrechtskonvention* an militärischen Konflikten beteiligt werden. Die jüngeren unter ihnen zwar auch, wenngleich nicht *„unmittelbar"* (was *„unmittelbar"* in diesem Zusammenhang auch heißen mag), das aber ist ein eklatanter Verstoß gegen die eigene Konvention, die Kinder schützen soll. Müßte da nicht vielmehr stehen, <u>Kinder sind vor Krieg und vor den Auswirkungen eines Krieges zu schützen</u> (was auch das Ende aller Kriege wäre)? Die Staaten haben es aber gemeinschaftlich gewollt, in diesem Fall die Kinder nicht zu schützen, damit sie in Zukunft noch Kriege (mit allen Material an Mensch und Waffen) führen können. Selbst Deutschland hat bis heute noch nicht, trotz aller Proteste (insbesondere von Eltern), die Kinderrechtskonvention im ganzen Umfang angenommen, und hat daher bei der Ratifizierung Vorbehaltserklärungen beim Generalsekretär der Vereinten Nationen hinterlegt. Bereits 1998 hatte ich selbst als Kinderrechtler und Vorsitzender einer Kinderrechtsorganisation eine Konferenz einberufen und zusammen mit anderen Kinderrechtsorganisationen, darunter auch die UNICEF, eine Resolution an die Bundesregierung verabschiedet, um die Rechte der Kinder zu stärken (näheres hierzu im Internet unter **www.kinderparlamente.de** unter der Rubrik „*Resolution*"). Dennoch ist die Kinderrechtskonvention ein Meilenstein in der Menschheitsgeschichte, wenngleich noch nicht der letzte Schritt in die richtige Richtung, dessen Ziel ein starker Schutz für unsere Kinder sein soll. Die bisherige Fassung ist also noch verbesserungswürdig. Doch urteilen Sie selbst:

Die Konvention der Rechte des Kindes

Nach 10-jähriger Vorbereitung verabschiedet am 20. November 1989 durch die Generalversammlung der Vereinten Nationen. In Kraft getreten am 2. September 1990

Präambel

Die Vertragsstaaten dieses Übereinkommens

in der Erwägung, daß nach den in der Charta der Vereinten Nationen verkündeten Grundsätzen die Anerkennung der allen Mitgliedern der menschlichen Gesellschaft innewohnenden Würde und der Gleichheit und Unveräußerlichkeit ihrer Rechte die Grundlage von Freiheit, Gerechtigkeit und Frieden in der Welt bildet,

eingedenk dessen, daß die Völker der Vereinten Nationen in der Charta ihren Glauben an die Grundrechte und an Würde und Wert des Menschen bekräftigt und beschlossen haben, den sozialen Fortschritt und bessere Lebensbedingungen in größerer Freiheit zu fördern, in der Erkenntnis, daß die Vereinten Nationen in der Allgemeinen Erklärung der Menschenrechte und in den Internationalen Menschenrechtspaketen verkündet haben und übereingekommen sind, daß jeder Mensch Anspruch hat auf alle darin verkündeten Rechte und Freiheiten ohne Unterscheidung, etwa nach der Rasse, der Hautfarbe, dem Geschlecht, der Sprache, der Religion, der politischen oder sonstigen Anschauung, der nationalen oder sozialen Herkunft, dem Vermögen, der Geburt oder dem sonstigen Status,

unter Hinweis darauf, daß die Vereinten Nationen in der Allgemeinen Erklärung der Menschenrechte verkündet haben, daß Kinder Anspruch auf besondere Fürsorge und Unterstützung haben,

überzeugt, daß der Familie als Grundeinheit der Gesellschaft und natürlicher Umgebung für das Wachsen und Gedeihen aller ihrer Mitglieder, insbesondere der Kinder, der erforderliche Schutz und Beistand gewährleistet werden sollte, damit sie ihre Aufgaben innerhalb der Gemeinschaft voll erfüllen kann,

in der Erkenntnis, daß das Kind zur vollen und harmonischen Entfaltung seiner Persönlichkeit in einer Familie und umgeben von Glück, Liebe und Verständnis aufwachsen sollte,

in der Erwägung, daß das Kind umfassend auf ein individuelles Leben in der Gesellschaft vorbereitet und im Geist der in der Charta der Vereinten Nationen verkündeten Ideale und insbesondere im Geist des Friedens, der Würde, der Toleranz, der Freiheit, der Gleichheit und der Solidarität erzogen werden sollte,

eingedenk dessen, daß die Notwendigkeit, dem Kind besonderen Schutz zu gewähren, in der Genfer Erklärung von 1924 über die Rechte des Kindes und in der von der Generalversammlung am 20. November 1959 angenommenen Erklärung der Rechte des Kindes ausgesprochen und in der Allgemeinen Erklärung der Menschenrechte, im Internationalen Pakt über bürgerliche und politische Rechte (insbesondere in den Artikeln 23 und 24), im Internationalen Pakt über wirtschaftliche, soziale und kulturelle Rechte (insbesondere in Artikel 10) sowie in den Satzungen und den in Betracht kommenden Dokumenten der Sonderorganisationen und anderen internationalen Organisationen, die sich mit dem Wohl des Kindes befassen, anerkannt worden ist,

eingedenk dessen, daß, wie in der Erklärung der Rechte des Kindes ausgeführt ist, "das Kind wegen seiner mangelnden körperlichen und geistigen Reife besonderen Schutzes und besonderer Fürsorge, insbesondere eines angemessenen rechtlichen Schutzes vor und nach der Geburt, bedarf"

unter Hinweis auf die Bestimmungen der Erklärung über die sozialen und rechtlichen Grundsätze für den Schutz und das Wohl von Kindern unter besonderer Berücksichtigung der Aufnahme in eine Pflegefamilie und der Adoption auf nationaler und internationaler Ebene, der Regeln der Vereinten Nationen über die Mindestnormen für die Jugendgerichtsbarkeit, (Beijing-Regeln) und der Erklärung über den Schutz von Frauen und Kindern im Ausnahmezustand und bei bewaffneten Konflikten,

in der Erkenntnis, daß es in allen Ländern der Welt Kinder gibt, die in außerordentlich schwierigen Verhältnissen leben, und daß diese Kinder der besonderen Berücksichtigung bedürfen,

unter gebührender Beachtung der Bedeutung der Traditionen und kulturellen Werte jedes Volkes für den Schutz und die harmonische Entwicklung des Kindes,

in Anerkennung der Bedeutung der internationalen Zusammenarbeit für die Verbesserung der Lebensbedingungen der Kinder in allen Ländern, insbesondere Entwicklungsländern

haben folgendes vereinbart:

Teil 1

Artikel 1 (Geltung für das Kind)

Im Sinne dieses Übereinkommens ist ein Kind jeder Mensch, der das achtzehnte Lebensjahr noch nicht vollendet hat, soweit die Volljährigkeit nach dem auf das Kind anzuwendenden Recht nicht früher eintritt.

Artikel 2 (Achtung der Kinderrechte, Diskriminierungsverbot)

(1) Die Vertragsstaaten achten die in diesem Übereinkommen festgelegten Rechte und gewährleisten sie jedem ihrer Hoheitsgewalt unterstehenden Kind ohne jede Diskriminierung unabhängig von der Rasse, der Hautfarbe, dem Geschlecht, der Sprache, der Religion, der politischen und sonstigen Anschauung, der nationalen, ethnischen oder sozialen Herkunft, des Vermögens,

einer Behinderung, der Geburt oder des sonstigen Status des Kindes, seiner Eltern oder seines Vormunds.

(2) Die Vertragsstaaten treffen alle geeigneten Maßnahmen, um sicherzustellen, daß das Kind vor allen Formen der Diskriminierung oder Bestrafung wegen des Status, der Tätigkeiten, der Meinungsäußerungen oder der Weltanschauung seiner Eltern, seines Vormunds oder seiner Familienangehörigen geschützt wird.

Artikel 3 (Wohl des Kindes)

(1) Bei allen Maßnahmen, die Kinder betreffen, gleichviel ob sie von öffentlichen oder privaten Einrichtungen der sozialen Fürsorge, Gerichten, Verwaltungsbehörden oder Gesetzgebungsorganen getroffen werden, ist das Wohl des Kindes ein Gesichtspunkt, der vorrangig zu berücksichtigen ist.

(2) Die Vertragsstaaten verpflichten sich, dem Kind unter Berücksichtigung der Rechte und Pflichten seiner Eltern, seines Vormunds oder anderer für das Kind gesetzlich verantwortlicher Personen den Schutz und die Fürsorge zu gewährleisten, de zu seinem Wohlergehen notwendig sind; zu diesem Zweck treffen sie alle geeigneten Gesetzgebungs- und Verwaltungsmaßnahmen.

(3) Die Vertragsstaaten stellen sicher, daß die für die Fürsorge für das Kind oder dessen Schutz verantwortlichen Institutionen, Dienste und Einrichtungen den von den zuständigen Behörden festgelegten Normen entsprechen, insbesondere im Bereich der Sicherheit und der Gesundheit sowie hinsichtlich der Zahl und der fachlichen Eignung des Personals und des Bestehens einer ausreichenden Aufsicht.

Artikel 4 (Verwirklichung der Kindesrechte)

Die Vertragsstaaten treffen alle geeigneten Gesetzgebungs-Verwaltungs- und sonstigen Maßnahmen zur Verwirklichung der in diesem Übereinkommen anerkannten Rechte. Hinsichtlich der wirtschaftlichen, sozialen und kulturellen Rechte treffen die Vertragsstaaten derartige Maßnahmen unter Ausschöpfung ihrer verfügbaren Mittel und erforderlichenfalls im Rahmen der internationalen Zusammenarbeit.

Artikel 5 (Respektierung des Elternrechts)

Die Vertragsstaaten achten die Aufgaben, Rechte und Pflichten der Eltern oder gegebenen falls, soweit nach Ortsbrauch vorgesehen, der Mitglieder der weiteren Familie oder der Gemeinschaft, des Vormunds oder anderer für das Kind gesetzlich verantwortlicher Personen, das Kind bei der Ausübung der in diesem Übereinkommen anerkannten Rechte in einer seiner Entwicklung entsprechenden Weise angemessen zu leiten und zu führen.

Artikel 6 (Recht auf Leben)

(1) Die Vertragsstaaten erkennen an, daß jedes Kind ein angeborenes Recht auf Leben hat.

(2) Die Vertragsstaaten gewährleisten in größtmöglichem Umfang das Überleben und die Entwicklung des Kindes.

Artikel 7 (Geburtsregister, Name, Staatsangehörigkeit)

(1) Das Kind ist unverzüglich nach seiner Geburt in ein Register einzutragen und hat das Recht auf einen Namen von Geburt an, das Recht, eine Staatsangehörigkeit zu erwerben, und soweit möglich das Recht, seine Eltern zu kennen und von ihnen betreut zu werden.

(2) Die Vertragsstaaten stellen die Verwirklichung dieser Rechte im Einklang mit ihrem innerstaatlichen Recht und mit ihren Verpflichtungen aufgrund der einschlägigen internationalen Übereinkünfte in diesem Bereich sicher, insbesondere für den Fall, daß das Kind sonst staatenlos wäre.

Artikel 8 (Identität)

(1) Die Vertragsstaaten verpflichten sich, das Recht des Kindes zu achten, seine Identität, einschließlich seiner Staatsangehörigkeit, seines Namens und seiner gesetzlich anerkannten Familienbeziehungen, ohne rechtswidrige Eingriffe zu behalten.

(2) Werden einem Kind widerrechtlich einige oder alle Bestandteile seiner Identität genommen, so gewähren die Vertragsstaaten ihm angemessenen Beistand und Schutz mit dem Ziel, seine Identität so schnell wie möglich wiederherzustellen.

Artikel 9 (Trennung von den Eltern, persönlicher Umgang)

(1) Die Vertragsstaaten stellen sicher, daß ein Kind nicht gegen den Willen seiner Eltern von diesen getrennt wird, es sei denn, daß die zuständigen Behörden in einer gerichtlich nachprüfbaren Entscheidung nach den anzuwendenden Rechtsvorschriften und Verfahren bestimmen, daß diese Trennung zum Wohl des Kindes notwendig ist. Eine solche Entscheidung kann im Einzelfall notwendig werden, wie etwa wenn das Kind durch die Eltern mißhandelt oder vernachlässigt wird oder wenn bei getrennt lebenden Eltern eine Entscheidung über den Aufenthaltsort des Kindes zu treffen ist.

(2) In Verfahren nach Absatz 1 ist allen Beteiligten Gelegenheit zu geben, am Verfahren teilzunehmen und ihre Meinung zu äußern.

(3) Die Vertragsstaaten achten das Recht des Kindes, das von einem oder beiden Elternteilen getrennt ist, regelmäßig persönliche Beziehungen und unmittelbare Kontakte zu beiden Elternteilen zu pflegen, soweit dies nicht dem Wohl des Kindes widerspricht.

(4) Ist die Trennung Folge einer von einem Vertragsstaat eingeleiteten Maßnahme, wie etwa einer Freiheitsentziehung, Freiheitsstrafe, Landesverweisung oder Abschiebung oder des Todes eines oder beider Elternteile oder des Kindes (auch eines Todes, der aus irgendeinem Grund eintritt, während der Betreffende sich in staatlichem Gewahrsam befindet), so erteilt der Vertragsstaat auf Antrag der Eltern, dem Kind oder gegebenenfalls einem anderen Familienangehörigen die wesentlichen Auskünfte über den Verbleib des oder der abwesenden Familienangehörigen, sofern dies nicht dem Wohl des Kindes abträglich wäre. Die Vertragsstaaten stellen ferner sicher, daß allein die Stellung eines solchen Antrags keine nachteiligen Folgen für den oder die Betroffenen hat.

Artikel 10 (Familienzusammenführung, grenzüberschreitende Kontakte)

(1) Entsprechend der Verpflichtung der Vertragsstaaten nach Artikel 9 Absatz 1 werden von einem Kind oder seinen Eltern zwecks Familienzusammenführung gestellte Anträge auf Einreise in einen Vertragsstaat oder Ausreise aus einem Vertragsstaat von den

Vertragsstaaten wohlwollend, human und beschleunigt bearbeitet. Die Vertragsstaaten stellen ferner sicher, daß die Stellung eines solchen Antrages keine nachteiligen Folgen für die Antragsteller und deren Familienangehörige hat.

(2) Ein Kind, dessen Eltern ihren Aufenthalt in verschiedenen Staaten haben, hat das Recht, regelmäßige persönliche Beziehungen und unmittelbaren Kontakt zu beiden Elternteilen zu pflegen, soweit nicht außergewöhnliche Umstände vorliegen. Zu diesem Zweck achten die Vertragsstaaten entsprechend ihrer Verpflichtung nach Artikel 9 Absatz 1 das Recht des Kindes und seiner Eltern, aus jedem Land einschließlich ihres eigenen auszureisen und in ihr eigenes Land einzureisen. Das Recht auf Ausreise aus einem Land unterliegt nur den gesetzlich vorgesehenen Beschränkungen, die zum Schutz der nationalen Sicherheit, der öffentlichen Ordnung (ordre public), der Volksgesundheit, der öffentlichen Sittlichkeit oder der Rechte und Freiheiten anderer notwendig und mit den anderen in diesem Übereinkommen anerkannten Rechten vereinbar sind.

Artikel 11 (Rechtswidrige Verbringung von Kindern ins Ausland)

(1) Die Vertragsstaaten treffen Maßnahmen, um das rechtswidrige Verbringen von Kindern ins Ausland und ihre rechtswidrige Nichtrückgabe zu bekämpfen.
(2) Zu diesem Zweck fördern die Vertragsstaaten den Abschluß zwei- oder mehrseitiger Übereinkünfte oder den Beitritt zu bestehenden Übereinkünften.

Artikel 12 (Berücksichtigung des Kindeswillens)

(1) Die Vertragsstaaten sichern dem Kind, das fähig ist, sich eine eigene Meinung zu bilden, das Recht zu, diese Meinung in allen das Kind berührenden Angelegenheiten frei zu äußern, und berücksichtigen die Meinung des Kindes angemessen und entsprechend seinem Alter und seiner Reife.
(2) Zu diesem Zweck wird dem Kind insbesondere Gelegenheit gegeben, in allen das Kind berührenden Gerichts oder Verwaltungsverfahren entweder unmittelbar oder durch einen

Vertreter oder eine geeignete Stelle im Einklang mit den innerstaatlichen Verfahrensvorschriften gehört zu werden.

Artikel 13 (Meinungs- und Informationsfreiheit)

(1) Das Kind hat das Recht auf freie Meinungsäußerung; dieses Recht schließt die Freiheit ein, ungeachtet der Staatsgrenzen Informationen und Gedankengut jeder Art in Wort, Schrift oder Druck, durch Kunstwerke oder andere vom Kind gewählte Mittel sich zu beschaffen, zu empfangen und weiterzugeben.

(2) Die Ausübung dieses Rechts kann bestimmten, gesetzlich vorgesehenen Einschränkungen unterworfen werden, die erforderlich sind
    a) für die Achtung der Rechte oder des Rufes anderer oder
    b) für den Schutz der nationalen Sicherheit, der öffentlichen Ordnung (ordre public), der Volksgesundheit oder der öffentlichen Sittlichkeit.

Artikel 14 (Gedanken-, Gewissens- und Religionsfreiheit)

(1) Die Vertragsstaaten achten das Recht des Kindes auf Gedanken-, Gewissens- und Religionsfreiheit.

(2) Die Vertragsstaaten achten die Rechte und Pflichten der Eltern und gegebenenfalls des Vormunds, das Kind bei der Ausübung dieses Rechts in einer seiner Entwicklung entsprechenden Weise zu leiten.

(3) Die Freiheit, seine Religion oder Weltanschauung zu bekunden, darf nur den gesetzlich vorgesehenen Einschränkungen unterworfen werden, die zum Schutz der öffentlichen Sicherheit, Ordnung, Gesundheit oder Sittlichkeit oder der Grundrechte und -freiheiten anderer erforderlich sind.

Artikel 15 (Vereinigungs- und Versammlungsfreiheit)

(1) Die Vertragsstaaten erkennen das Recht des Kindes an, sich frei mit anderen zusammenzuschließen und sich friedlich zu versammeln.

(2) Die Ausübung dieses Rechts darf keinen anderen als den gesetzlich vorgesehenen Einschränkungen unterworfen werden, die in einer demokratischen Gesellschaft im Interesse der nationalen

oder der öffentlichen Sicherheit, der öffentlichen Ordnung (ordre public), zum Schutz der Volksgesundheit oder der öffentlichen Sittlichkeit oder zum Schutz der Rechte und Freiheiten anderer notwendig sind.

Artikel 16 (Schutz der Privatsphäre und Ehre)

(1) Kein Kind darf willkürlichen oder rechtswidrigen Eingriffen in sein Privatleben, seine Familie, seine Wohnung oder seinen Schriftverkehr oder rechtswidrigen Beeinträchtigungen seiner Ehre und seines Rufes ausgesetzt werden.
(2) Das Kind hat Anspruch auf rechtlichen Schutz gegen solche Eingriffe oder Beeinträchtigungen.

Artikel 17 (Zugang zu den Medien, Kinder- und Jugendschutz)

Die Vertragsstaaten erkennen die wichtige Rolle der Massenmedien an und stellen sicher, daß das Kind Zugang hat zu Informationen und Material aus einer Vielfalt nationaler und internationaler Quellen, insbesondere derjenigen, welche die Förderung seines sozialen, seelischen und sittlichen Wohlergehens sowie seiner körperlichen und geistigen Gesundheit zum Ziel haben. Zu diesem Zweck werden die Vertragsstaaten
a) die Massenmedien ermutigen, Informationen und Material zu verbreiten, die für das Kind von sozialem und kulturellem Nutzen sind und dem Geist des Artikels 29 entsprechen:
b) die internationale Zusammenarbeit bei der Herstellung, beim Austausch und bei der Verbreitung dieser Informationen und dieses Materials aus einer Vielfalt nationaler und internationaler kultureller Quellen fördern;
c) die Herstellung und Verbreitung von Kinderbüchern fördern;
d) die Massenmedien ermutigen, den sprachlichen Bedürfnissen eines Kindes, das einer Minderheit angehört oder Ureinwohner ist, besonders Rechnung zu tragen;
e) die Erarbeitung geeigneter Richtlinien zum Schutz des Kindes vor Informationen und Material, die sein Wohlergehen beeinträchtigen, fördern, wobei die Artikel 13 und 18 zu berücksichtigen sind.

Artikel 18 (Verantwortung für das Kindeswohl)

(1) Die Vertragsstaaten bemühen sich nach besten Kräften, die Anerkennung des Grundsatzes sicherzustellen, daß beider Elternteile gemeinsam für die und Entwicklung des Kindes verantwortlich sind. Für die Erziehung und Entwicklung des Kindes sind in erster Linie die Eltern oder gegebenenfalls der Vormund verantwortlich. Dabei ist das Wohl des Kindes ihr Grundanliegen.

(2) Zur Gewährleistung und Förderung der in diesem Übereinkommen festgelegten Rechte unterstützen die Vertragsstaaten die Eltern und den Vormund in angemessener Weise bei der Erfüllung ihrer Aufgabe, das Kind zu erziehen, und sorgen für den Ausbau von Institutionen, Einrichtungen und Diensten für die Betreuung von Kindern.

(3) Die Vertragsstaaten treffen alle geeigneten Maßnahmen, um sicherzustellen, daß Kinder berufstätiger Eltern das Recht haben, die für sie in Betracht kommenden Kinderbetreuungsdienste und -einrichtungen zu nutzen.

Artikel 19 (Schutz vor Gewaltanwendung, Mißhandlung, Verwahrlosung)

(1) Die Vertragsstaaten treffen alle geeigneten Gesetzgebungs-, Verwaltungs-, Sozial- und Bildungsmaßnahmen, um das Kind vor jeder Form körperlicher oder geistiger Gewaltanwendung, Schadenszufügung oder Mißhandlung, vor Verwahrlosung oder Vernachlässigung, vor schlechter Behandlung oder Ausbeutung einschließlich des sexuellen Mißbrauchs zu schützen, solange es sich in der Obhut der Eltern oder eines Elternteils, eines Vormunds oder anderen gesetzlichen Vertreters oder einer anderen Person befindet, die das Kind betreut.

(2) Diese Schutzmaßnahmen sollen je nach den Gegebenheiten wirksame Verfahren zur Aufstellung von Sozialprogrammen enthalten, die dem Kind und denen, die es betreuen, die erforderliche Unterstützung gewähren und andere Formen der Vorbeugung versehen sowie Maßnahmen zur Aufdeckung, Meldung, Weiterverweisung, Untersuchung, Behandlung und Nachbetreuung in den in Absatz 1 beschriebenen Fällen schlechte Behandlung von Kindern und gegebenenfalls für das Einschreiten der Gerichte.

Artikel 20 (Von der Familie getrennt lebende Kinder, Pflegefamilie, Adoption)

(1) Ein Kind, das vorübergehend oder dauern aus sein familiären Umgebung herausgelöst wird oder dem der Verbleib in dieser Umgebung im eigenen Interesse nicht gestattet werden kann, hat Anspruch auf den besonderen Schutz und Beistand des Staates.

(2) Die Vertragsstaaten stellen nach Maßgabe ihres innerstaatlichen Rechts andere Formen der Betreuung eines solchen Kindes sicher.

(3) Als andere Form der Betreuung kommt unter anderem die Aufnahme in eine Pflegefamilie, die Kafala nach islamischem Recht, die Adoption oder, falls erforderlich die Unterbringung in einer geeigneten Kinderbetreuungseinrichtung in Betracht. Bei der Wahl zwischen diesen Lösungen sind die erwünschte Kontinuität der Erziehung des Kindes sowie die ethnische, religiöse, kulturelle und sprachliche Herkunft des Kindes gebührend zu berücksichtigen.

Artikel 21 (Adoption)

Die Vertragsstaaten, die das System der Adoption anerkennen oder zulassen, gewährleisten, daß dem Wohl des Kindes bei der Adoption die höchste Bedeutung zugemessen wird; die Vertragsstaaten

a) stellen sicher, daß die Adoption eines Kindes nur durch die zuständigen Behörden bewilligt wird, die nach den anzuwendenden Rechtsvorschriften und Verfahren und auf der Grundlage aller verläßlichen einschlägigen Informationen entscheiden, daß die Adoption angesichts des Status des Kindes in bezug auf Eltern, Verwandte und einen Vormund zulässig ist und daß, soweit dies erforderlich ist, die betroffenen Personen in Kenntnis der Sachlage und auf der Grundlage einer gegebenenfalls erforderlichen Beratung der Adoption zugestimmt haben;

b) erkennen an, daß die internationale Adoption als andere Form der Betreuung angesehen werden kann, wenn das Kind nicht in seinem Heimatland in einer Pflege- oder Adoptionsfamilie untergebracht oder wenn es dort nicht in geeigneter Weise betreut werden kann;

c) stellen sicher, daß das Kind im Fall einer internationalen Adoption in den Genuß der für nationale Adoption geltenden Schutzvorschriften und Normen kommt;

d) treffen alle geeigneten Maßnahmen, um sicherzustellen, daß bei internationaler Adoption für die Beteiligten keine unstatthaften Vermögensvorteile entstehen;

e) fördern die Ziele dieses Artikels gegebenenfalls durch den Abschluß zwei- oder mehrseitiger Übereinkünfte und bemühen sich in diesem Rahmen sicherzustellen, daß die Unterbringung des Kindes in einem anderen Land durch die zuständigen Behörden oder Stellen durchgeführt wird.

Artikel 22 (Flüchtlingskinder)

(1) Die Vertragsstaaten treffen geeignete Maßnahmen, um sicherzustellen, daß ein Kind, das die Rechtsstellung eines Flüchtlings begehrt oder nach Maßgabe der anzuwendenden Regeln und Verfahren des Völkerrechts oder des innerstaatlichen Rechts als Flüchtling angesehen wird, angemessenen Schutz und humanitäre Hilfe bei der Wahrnehmung der Rechte erhält, die in diesem Übereinkommen oder in anderen internationalen Übereinkünften über Menschenrechte oder über humanitäre Fragen, denen die genannten Staaten als Vertragsparteien angehören, festgelegt sind, und zwar unabhängig davon, ob es sich in Begleitung seiner Eltern oder einer anderen Person befindet oder nicht.

(2) Zu diesem Zweck wirken die Vertragsstaaten in der ihnen angemessen erscheinenden Weise bei allen Bemühungen mit, welche die Vereinten Nationen und andere zuständige zwischenstaatliche oder nichtstaatliche Organisationen, die mit den Vereinten Nationen zusammenarbeiten, unternehmen, um ein solches Kind zu schützen, um ihm zu helfen und um die Eltern oder andere Familienangehörige eines Flüchtlingskindes ausfindig zu machen mit dem Ziel, die für eine Familienzusammenführung notwendigen Informationen zu erlangen. Können die Eltern oder andere Familienangehörige nicht ausfindig gemacht werden, so ist dem Kind im Einklang mit den in diesem Übereinkommen enthaltenen Grundsätzen derselbe Schutz zu gewährleisten wie jedem anderen Kind, daß aus irgendeinem Grund dauernd oder vorübergehend aus seiner familiären Umgebung herausgelöst ist.

Artikel 23 (Förderung behinderter Kinder)

(1) Die Vertragsstaaten erkennen an, daß ein geistig oder körperlich behindertes Kind ein erfülltes und menschenwürdiges Leben unter Bedingungen führen soll, welche die Würde des Kindes wahren, seine Selbständigkeit fördern und seine aktive Teilnahme am Leben der Gemeinschaft erleichtern.

(2) Die Vertragsstaaten erkennen das Recht des behinderten Kindes auf besondere Betreuung an und treten dafür ein und stellen sicher, daß dem behinderten Kind und den für seine Betreuung Verantwortlichen im Rahmen der verfügbaren Mittel auf Antrag die Unterstützung zuteil wird, die dem Zustand des Kindes sowie den Lebensumständen der Eltern oder anderer Personen, die das Kind betreuen, angemessen ist.

(3) In Anerkennung der besonderen Bedürfnisse eines behinderten Kindes ist die nach Absatz 2 gewährte Unterstützung soweit irgend möglich und unter Berücksichtigung der finanziellen Mittel der Eltern oder anderer Personen, die das Kind betreuen, unentgeltlich zu leisten und so zu gestalten, daß sichergestellt ist, daß Erziehung, Ausbildung, Gesundheitsdienste, Rehabilitationsdienste, Vorbereitung auf das Berufsleben und Erholungsmöglichkeiten dem behinderten Kind tatsächlich in einer Weise zugänglich sind, die der möglichst vollständigen sozialen Integration und individuellen Entfaltung des Kindes einschließlich seiner kulturellen und geistigen Entwicklung förderlich ist.

(4) Die Vertragsstaaten fördern im Geist der internationalen Zusammenarbeit den Austausch sachdienlicher Informationen im Bereich der Gesundheitsvorsorge und der medizinischen, psychologischen und funktionellen Behandlung behinderter Kinder einschließlich der Verbreitung von Informationen über Methoden der Rehabilitation, der Erziehung und der Berufsausbildung und des Zugangs zu solchen Informationen, um es den Vertragsstaaten zu ermöglichen, in diesen Bereichen ihre Fähigkeiten und ihr Fachwissen zu verbessern und weitere Erfahrungen zu sammeln. Dabei sind die Bedürfnisse der Entwicklungsländer besonders zu berücksichtigen.

Artikel 24 (Gesundheitsvorsorge)

(1) Die Vertragsstaaten erkennen das Recht des Kindes auf das erreichbare Höchstmaß an Gesundheit an sowie auf Inanspruchnahme von Einrichtungen zur Behandlung von Krankheiten und zur Wiederherstellung der Gesundheit. Die Vertragsstaaten bemühen sich sicherzustellen, daß keinem Kind das Recht auf Zugang zu derartigen Gesundheitsdiensten vorenthalten wird.

(2) Die Vertragsstaaten bemühen sich, die volle Verwirklichung dieses Rechts sicherzustellen, und treffen insbesondere geeignete Maßnahmen, um

a) die Säuglings- und Kindersterblichkeit zu verringern;

b) sicherzustellen, daß alle Kinder die notwendige ärztliche Hilfe und Gesundheitsfürsorge erhalten, wobei besonderer Nachdruck auf den Ausbau der gesundheitlichen Grundversorgung gelegt wird;

c) Krankheiten sowie Unter- und Fehlernährung auch im Rahmen der gesundheitlichen Grundversorgung zu bekämpfen, unter anderem durch den Einsatz leicht zugänglicher Technik und durch die Bereitstellung ausreichender vollwertiger Nahrungsmittel und sauberen Trinkwassers, wobei die Gefahren und Risiken der Umweltverschmutzung zu berücksichtigen sind;

d) eine angemessene Gesundheitsfürsorge für Mütter vor und nach der Entbindung sicherzustellen;

e) sicherzustellen, daß allen Teilen der Gesellschaft, insbesondere Eltern und Kindern, Grundkenntnisse über die Gesundheit und Ernährung des Kindes, die Vorteile des Stillens, die Hygiene und die Sauberhaltung der Umwelt sowie die Unfallverhütung vermittelt werden, daß sie Zugang zu der entsprechenden Schulung haben und daß sie bei der Anwendung dieser Grundkenntnisse Unterstützung erhalten;

f) die Gesundheitsfürsorge, die Elternberatung sowie die Aufklärung und die Dienste auf dem Gebiet der Familienplanung auszubauen.

(3) Die Vertragsstaaten treffen alle wirksamen und geeigneten Maßnahmen, um überlieferte Bräuche, die für die Gesundheit der Kinder schädlich sind, abzuschaffen.

(4) Die Vertragsstaaten verpflichten sich, die internationale Zusammenarbeit zu unterstützen und zu fördern, um fortschreitend

die volle Verwirklichung des in diesem Artikel anerkannten Rechts zu erreichen. Dabei sind die Bedürfnisse der Entwicklungsländer besonders zu berücksichtigen.

Artikel 25 (Unterbringung)

Die Vertragsstaaten erkennen an, daß ein Kind, das von den zuständigen Behörden wegen einer körperlichen oder geistigen Erkrankung zur Betreuung, zum Schutz der Gesundheit oder zu Behandlung untergebracht worden ist, das Recht hat auf eine regelmäßige Überprüfung der dem Kind gewährten Behandlung sowie aller anderen Umstände, die für seine Unterbringung von Belang sind.

Artikel 26 (Soziale Sicherheit)

(1) Die Vertragsstaaten erkennen das Recht jedes Kindes auf Leistungen der sozialen Sicherheit einschließlich der Sozialversicherung an und treffen die erforderlichen Maßnahmen, um die volle Verwirklichung dieses Rechts in Übereinstimmung mit dem innerstaatlichen Recht sicherzustellen.

(2) Die Leistungen sollen gegebenenfalls unter Berücksichtigung der wirtschaftlichen Verhältnisse und der sonstigen Umstände des Kindes und der Unterhaltspflichtigen sowie anderer für die Beantragung von Leistungen durch das Kind oder im Namen des Kindes maßgeblicher Gesichtspunkte gewährt werden.

Artikel 27 (Angemessene Lebensbedingungen, Unterhalt)

(1) Die Vertragsstaaten erkennen das Recht jedes Kindes auf einen seiner körperlichen, geistigen, seelischen, sittlichen und sozialen Entwicklung angemessenen Lebensstandard an.

(2) Es ist in erster Linie Aufgabe der Eltern oder anderer für das Kind verantwortlicher Personen, im Rahmen ihrer Fähigkeiten und finanziellen Möglichkeiten die für die Entwicklung des Kindes notwendigen Lebensbedingungen sicherzustellen.

(3) Die Vertragsstaaten treffen gemäß ihren innerstaatlichen Verhältnissen und im Rahmen ihrer Mittel geeignete Maßnahmen, um den Eltern und anderen für das Kind verantwortlichen Personen bei der Verwirklichung dieses Rechts zu helfen und sehen bei

Bedürftigkeit materielle Hilfs- und Unterstützungsprogramme insbesondere im Hinblick auf Ernährung, Bekleidung und Wohnung vor. (4) Die Vertragsstaaten treffen alle geeigneten Maßnahmen, um die Geltendmachung von Unterhaltsansprüchen des Kindes gegenüber den Eltern oder anderen finanziell für das Kind verantwortlichen Personen sowohl innerhalb des Vertragsstaats als auch im Ausland sicherzustellen. Insbesondere fördern die Vertragsstaaten, wenn die für das Kind finanziell verantwortliche Person in einem anderen Staat lebt als das Kind, den Beitritt zu internationalen Übereinkünften oder den Abschluß solcher Übereinkünfte sowie andere geeignete Regelungen.

Artikel 28 (Recht auf Bildung, Schule, Berufsausbildung)

(1) Die Vertragsstaaten erkennen das Recht des Kindes auf Bildung an; um die Verwirklichung dieses Rechts auf der Grundlage der Chancengleichheit fortschreitend zu erreichen, werden sie insbesondere

a) den Besuch der Grundschule für alle zur Pflicht und unentgeltlich machen;

b) die Entwicklung verschiedener Formen der weiterführenden Schulen allgemeinbildender und berufsbildender Art fördern, sie allen Kindern verfügbar und zugänglich machen und geeignete Maßnahmen wie die Einführung der Unentgeltlichkeit und die Bereitstellung finanzieller Unterstützung bei Bedürftigkeit treffen;

c) allen entsprechend ihren Fähigkeiten den Zugang zu den Hochschulen mit allen geeigneten Mitteln ermöglichen;

d) Bildungs- und Berufsberatung allen Kindern verfügbar und zugänglich machen;

e) Maßnahmen treffen, die den regelmäßigen Schulbesuch fördern und den Anteil derjenigen, welche die Schule vorzeitig verlassen, verringern.

(2) Die Vertragsstaaten treffen alle geeigneten Maßnahmen, um sicherzustellen, daß die Disziplin in der Schule in einer Weise gewahrt wird, die der Menschenwürde des Kindes entspricht und im Einklang mit diesem Übereinkommen steht.

(3) Die Vertragsstaaten fördern die internationale Zusammenarbeit im Bildungswesen, insbesondere um zur

Beseitigung von Unwissenheit und Analphabetentum in der Welt beizutragen und den Zugang zu wissenschaftlichen und technischen Kenntnissen und modernen Unterrichtsmethoden zu erleichtern. Dabei sind die Bedürfnisse der Entwicklungsländer besonders zu berücksichtigen.

Artikel 29 (Bildungsziele, Bildungseinrichtungen)

(1) Die Vertragsstaaten stimmen darin überein, daß die Bildung des Kindes darauf gerichtet sein muß, die Persönlichkeit, die Begabung und die geistigen und körperlichen Fähigkeiten des Kindes voll zur Entfaltung zu bringen;

b) dem Kind Achtung vor den Menschenrechten und Grundfreiheiten und den in der Charta der Vereinten Nationen verankerten Grundsätzen zu vermitteln

c) dem Kind Achtung vor seinen Eltern, seiner kulturellen Identität, seiner Sprache und seinen kulturellen Werten, den nationalen Werten des Landes, in dem es lebt, und gegebenenfalls des Landes, aus dem es stammt, sowie vor anderen Kulturen als der eigenen zu vermitteln;

d) das Kind auf verantwortungsbewußtes Leben in einer freien Gesellschaft im Geist der Verständigung, des Friedens, der Toleranz, der Gleichberechtigung der Geschlechter und der Freundschaft zwischen allen Völkern und ethnischen, nationalen und religiösen Gruppen sowie zu Ureinwohnern vorzubereiten;

e) dem Kind Achtung vor der natürlichen Umwelt zu vermitteln.

(2) Dieser Artikel und Artikel 28 dürfen nicht so ausgelegt werden, daß sie die Freiheit natürlicher oder juristischer Personen beeinträchtigen, Bildungseinrichtungen zu gründen und zu führen, sofern die in Absatz 1 festgelegten Grundsätze beachtet werden und die in solchen Einrichtungen vermittelte Bildung den von dem Staat gegebenenfalls festgelegten Mindestnormen entspricht.

Artikel 30 (Minderheitenschutz)

In Staaten, in denen es ethnische, religiöse oder sprachliche Minderheiten oder Ureinwohner gibt, darf einem Kind, das einer solchen Minderheit angehört oder Ureinwohner ist, nicht das Recht vorenthalten werden, in Gemeinschaft mit anderen Angehörigen seiner Gruppe seine eigene Kultur zu pflegen, sich zu seiner eigenen Religion zu bekennen und sie auszuüben oder seine eigene Sprache zu verwenden.

Artikel 31 (Beteiligung an Freizeit, kulturellem und künstlerischen Leben, stattliche Förderung)

(1) Die Vertragsstaaten erkennen das Recht des Kindes auf Ruhe und Frieden an, auf Spiel und altersgemäße aktive Erholung sowie auf freie Teilnahme am kulturellen und künstlerischen Leben.

(2) Die Vertragsstaaten achten und fördern das Recht des Kindes auf volle Beteiligung am kulturellen und künstlerischen Leben und fördern die Bereitstellung geeigneter und gleicher Möglichkeiten für die kulturelle und künstlerische Betätigung sowie für aktive Erholung und Freizeitbeschäftigung.

Artikel 32 (Schutz vor wirtschaftlicher Ausbeutung)

(1) Die Vertragsstaaten erkennen das Recht des Kindes an, vor wirtschaftlicher Ausbeutung geschützt und nicht zu einer Arbeit herangezogen zu werden, die Gefahren mit sich bringen, die Erziehung des Kindes behindern oder die Gesundheit des Kindes oder seine körperliche, geistige, seelische, sittliche oder soziale Entwicklung schädigen könnte.

(2) Die Vertragsstaaten treffen Gesetzgebungs-, Verwaltungs-, Sozial- und Bildungsmaßnahmen, um die Durchführung dieses Artikel sicherzustellen. Zu diesem Zweck und unter Berücksichtigung der einschlägigen Bestimmungen anderer internationaler Übereinkünfte werden die Vertragsstaaten insbesondere

a) ein oder mehrere Mindestalter für die Zulassung zur Arbeit festlegen;

b) eine angemessene Regelung der Arbeitszeit und der Arbeitsbedingungen vorsehen;

c) angemessene Strafen oder andere Sanktionen zur wirksamen Durchsetzung dieses Artikels vorsehen.

Artikel 33 (Schutz vor Suchtstoffe)

Die Vertragsstaaten treffen alle geeigneten Maßnahmen einschließlich Gesetzgebungs-, Verwaltungs-, Sozial- und Bildungsmaßnahmen, um Kinder vor dem unerlaubten Gebrauch von Suchtstoffen und psychotropen Stoffen im Sinne der diesbezüglichen internationalen Übereinkünfte zu schützen und den Einsatz von Kindern bei der unerlaubten Herstellung dieser Stoffe und beim unerlaubten Verkehr mit diesen Stoffen zu verhindern.

Artikel 34 (Schutz vor sexuellem Mißbrauch)

Die Vertragsstaaten verpflichten sich, das Kind vor allen Formen sexueller Ausbeutung und sexuellen Mißbrauchs zu schützen. Zu diesem Zweck treffen die Vertragsstaaten insbesondere alle geeigneten innerstaatlichen, zweiseitigen und mehrseitigen Maßnahmen, um zu verhindern, daß Kinder

a) zur Beteiligung an rechtswidrigen sexuellen Handlungen verleitet oder gezwungen werden;

b) für die Prostitution oder andere rechtswidrige sexuelle Praktiken ausgebeutet werden;

c) für pornographische Darbietungen und Darstellungen ausgebeutet werden.

Artikel 35 (Maßnahmen gegen Entführung und Kinderhandel)

Die Vertragsstaaten treffen alle geeigneten innerstaatlichen, zweiseitigen und mehrseitigen Maßnahmen, um die Einführung und den Verkauf von Kindern sowie den Handel mit Kindern zu irgendeinem Zweck und in irgendeiner Form zu verhindern.

Artikel 36 (Schutz vor Ausbeutung)

Die Vertragsstaaten schützen das Kind vor allen sonstigen Formen der Ausbeutung, die das Wohl des Kindes in irgendeiner Weise beeinträchtigen.

Artikel 37 (Verbot der Folter, der Todesstrafe, lebenslanger Freiheitsstrafe, Rechtsbeistand)

Die Vertragsstaaten stellen sicher,

a) daß kein Kind der Folter oder einer anderen grausamen, unmenschlichen oder erniedrigenden Behandlung oder Strafe unterworfen wird. Für Straftaten, die von Personen vor Vollendung des achtzehnten Lebensjahres begangen worden sind, darf weder die Todesstrafe noch lebenslange Freiheitsstrafe ohne die Möglichkeit vorzeitiger Entlassung verhängt werden;

b) daß keinem Kind die Freiheit rechtswidrig oder willkürlich entzogen wird. Festnahme, Freiheitsentziehung oder Freiheitsstrafe darf bei einem Kind im Einklang mit dem Gesetz nur als letztes Mittel und für die kürzeste angemessene Zeit angewendet werden;

c) daß jedes Kind, dem die Freiheit entzogen ist, menschlich und mit Achtung vor der dem Menschen innewohnenden Würde und unter Berücksichtigung der Bedürfnisse von Personen seines Alters behandelt wird. Insbesondere ist jedes Kind, dem die Freiheit entzogen ist, von Erwachsenen zu trennen, sofern nicht ein anderes Vorgehen als dem Wohl des Kindes dienlich erachtet wird; jedes Kind hat das Recht, mit seiner Familie durch Briefwechsel und Besuche in Verbindung zu bleiben, sofern nicht außergewöhnliche Umstände vorliegen;

d) daß jedes Kind, dem die Freiheit entzogen ist, das Recht auf umgehenden Zugang zu einem rechtskundigen oder anderen geeigneten Beistand und das Recht hat, die Rechtmäßigkeit der Freiheitsentziehung bei einem Gericht oder einer anderen zuständigen, unabhängigen und unparteiischen Behörde anzufechten, sowie das Recht auf alsbaldige Entscheidung in einem solchen Verfahren.

Artikel 38 (Schutz bei bewaffneten Konflikten, Einziehung zu den Streitkräften)

(1) Die Vertragsstaaten verpflichten sich, die für sie verbindlichen Regeln des in bewaffneten Konflikten anwendbaren humanitären Völkerrechts, die für das Kind Bedeutung haben, zu beachten und für deren Beachtung zu sorgen.

(2) Die Vertragsstaaten treffen alle durchführbaren Maßnahmen, um sicherzustellen, daß Personen, die das fünfzehnte

Lebensjahr noch nicht vollendet haben, nicht unmittelbar an Feindseligkeiten teilnehmen.

(3) Die Vertragsstaaten nehmen davon Abstand, Personen, die das fünfzehnte Lebensjahr noch nicht vollendet haben, zu ihren Streitkräften einzuziehen. Werden Personen zu den Streitkräften eingezogen, die zwar das fünfzehnte, nicht aber das achtzehnte Lebensjahr vollendet haben, so bemühen sich die Vertragsstaaten, vorrangig die jeweils ältesten einzuziehen.

(4) Im Einklang mit ihren Verpflichtungen nach dem humanitären Völkerrecht, die Zivilbevölkerung in bewaffneten Konflikten zu schützen, treffen die Vertragsstaaten alle durchführbaren Maßnahmen, um sicherzustellen, daß von einem bewaffneten Konflikt betroffene Kinder geschützt und betreut werden.

Artikel 39 (Genesung und Wiedereingliederung geschädigter Kinder)

Die Vertragsstaaten treffen alle geeigneten Maßnahmen, um die physische und psychische Genesung und die soziale Wiedereingliederung eines Kindes zu fördern, das Opfer irgendeiner Form von Vernachlässigung, Ausbeutung oder Mißhandlung, Folter oder einer anderen Form grausamer, unmenschlicher oder erniedrigender Behandlung oder Strafe oder aber bewaffneter Konflikte geworden ist. Die Genesung und Wiedereingliederung müssen in einer Umgebung stattfinden, die der Gesundheit, der Selbstachtung und der Würde des Kindes förderlich ist.

Artikel 40 (Behandlung des Kindes in Strafrecht und Strafverfahren)

(1) Die Vertragsstaaten erkennen das Recht jedes Kindes an, das der Verletzung der Strafgesetze verdächtigt, beschuldigt oder überführt wird, in einer Weise behandelt zu werden, die das Gefühl des Kindes für die eigene Würde und den eigenen Wert fördert, seine Achtung vor den Menschenrechten und Grundfreiheiten anderer stärkt und das Alter des Kindes sowie die Notwendigkeit berücksichtigt, seine soziale Wiedereingliederung sowie die Übernahme einer konstruktiven Rolle in der Gesellschaft durch das Kind zu fördern.

(2) Zu diesem Zweck stellen die Vertragsstaaten unter Berücksichtigung der einschlägigen Bestimmungen internationaler Übereinkünfte insbesondere sicher,

    a) daß kein Kind wegen Handlungen oder Unterlassungen, die zur Zeit ihrer Begehung nach innerstaatlichem Recht oder Völkerrecht nicht verboten waren, der Verletzung der Strafgesetze verdächtigt, beschuldigt oder überführt wird;

    b) daß jedes Kind, das einer Verletzung der Strafgesetze verdächtigt oder beschuldigt wird, Anspruch auf folgende Mindestgarantien hat:

    I. bis zum gesetzlichen Nachweis der Schuld als unschuldig zu gelten,

    II. unverzüglich und unmittelbar über die gegen das Kind erhobenen Beschuldigungen unterrichtet zu werden, gegebenenfalls durch seine Eltern oder seinen Vormund, und einen rechtskundigen oder anderen Beistand zur Vorbereitung und Wahrnehmung seiner Verteidigung zu erhalten,

    III. seine Sache unverzüglich durch eine zuständige Behörde oder ein zuständiges Gericht, die unabhängig und unparteiisch sind, in einem fairen Verfahren entsprechend dem Gesetz entscheiden zu lassen, und zwar in Anwesenheit eines rechtskundigen oder anderen geeigneten Beistands sowie - sofern dies nicht insbesondere in Anbetracht des Alters oder der Lage des Kindes als seinem Wohl widersprechend angesehen wird - in Anwesenheit seiner Eltern oder seines Vormunds,

    IV. nicht gezwungen zu werden, als Zeuge auszusagen oder sich schuldig zu bekennen, sowie die Belastungszeugen zu befragen oder befragen zu lassen und das Erscheinen und die Vernehmung der Entlastungszeugen unter gleichen Bedingungen zu erwirken,

    V. wenn es einer Verletzung der Strafgesetze überführt ist, diese Entscheidung und alle als Folge davon verhängten Maßnahmen durch eine zuständige übergeordnete Behörde oder ein zuständiges Gericht, die unabhängig und unparteiisch sind, entsprechend dem Gesetz nachprüfen zu lassen,

    VI. die unentgeltliche Hinzuziehung eines Dolmetschers zu verlangen, wenn das Kind die Verhandlungssprache nicht versteht oder spricht,

    VII. sein Privatleben in allen Verfahrensabschnitten voll geachtet zu sehen.

(3) Die Vertragsstaaten bemühen sich, den Erlaß von Gesetzen sowie die Schaffung von Verfahren, Behörden und Einrichtungen zu fördern, die besonders für Kinder, die einer Verletzung der Strafgesetze verdächtigt, beschuldigt oder überführt werden, gelten oder zuständig sind; insbesondere

a) legen sie ein Mindestalter fest, das ein Kind erreicht haben muß, um als strafmündig angesehen zu werden,

b) treffen sie, soweit dies angemessen und wünschenswert ist, Maßnahmen, um den Fall ohne ein gerichtliches Verfahren zu regeln, wobei jedoch die Menschenrechte und die Rechtsgarantien uneingeschränkt beachtet werden müssen.

(4) Um sicherzustellen, daß Kinder in einer Weise behandelt werden, die ihrem Wohl dienlich ist und ihren Umständen sowie der Straftat entspricht, muß eine Vielzahl von Vorkehrungen zur Verfügung stehen, wie Anordnungen über Betreuung, Anleitung und Aufsicht, wie Beratung, Entlassung auf Bewährung, Aufnahme in eine Pflegefamilie, Bildungs- und Berufsbildungsprogramme und andere Alternativen zur Heimerziehung.

Artikel 41 (Weitergehende inländische Bestimmungen)

Dieses Übereinkommen läßt zur Verwirklichung der Rechte des Kindes besser geeignete Bestimmungen unberührt, die enthalten sind

a) im Recht eines Vertragsstaates oder

b) in dem für diesen Staat geltenden Völkerrecht.

Teil II

Artikel 42 (Verpflichtung zur Bekanntmachung)

Die Vertragsstaaten verpflichten sich, die Grundsätze und Bestimmungen dieses Übereinkommens durch geeignete und wirksame Maßnahmen bei Erwachsenen und auch bei Kindern allgemein bekannt zu machen.

Artikel 43 (Einsetzung eines Ausschusses für die Rechte des Kindes)

(1) Zur Prüfung der Fortschritte, welche die Vertragsstaaten bei der Erfüllung der in diesem Übereinkommen eingegangenen Verpflichtungen gemacht haben, wird ein Ausschuß für die Rechte des Kindes eingesetzt, der die nachstehend festgelegten Aufgaben wahrnimmt.

(2) Der Ausschuß besteht aus zehn Sachverständigen von hohem sittlichen Ansehen und anerkannter Sachkenntnis auf dem von diesem Übereinkommen erfaßten Gebiet. Die Mitglieder des Ausschusses werden von den Vertragsstaaten unter ihren Staatsangehörigen ausgewählt und sind in persönlicher Eigenschaft tätig, wobei auf eine gerechte geographische Verteilung zu achten ist sowie die hauptsächlichen Rechtssysteme zu berücksichtigen sind.

(3) Die Mitglieder des Ausschusses werden in geheimer Wahl aus einer Liste von Personen gewählt, die von den Vertragsstaaten vorgeschlagen worden sind. Jeder Vertragsstaat kann einen seiner eigenen Staatsangehörigen vorschlagen.

(4) Die Wahl des Ausschusses findet zum erstenmal spätestens sechs Monate nach Inkrafttreten dieses Übereinkommens und danach alle zwei Jahre statt. Spätestens vier Monate vor jeder Wahl fordert der Generalsekretär der Vereinten Nationen die Vertragsstaaten schriftlich auf, ihre Vorschläge innerhalb von zwei Monaten einzureichen. Der Generalsekretär fertigt sodann eine alphabetische Liste aller auf diese Weise vorgeschlagenen Personen an unter Angabe der Vertragsstaaten, die sie vorgeschlagen haben, und übermittelt sie den Vertragsstaaten.

(5) Die Wahlen finden auf vom Generalsekretär am Sitz der Vereinten Nationen einberufenen Tagungen der Vertragsstaaten statt. Auf diesen Tagungen, die beschlußfähig sind, wenn zwei Drittel der Vertragsstaaten vertreten sind, gelten die Kandidaten als in den Ausschuß gewählt, welche die höchste Stimmenzahl und die absolute Stimmenmehrheit der anwesenden und abstimmenden Vertreter der Vertragsstaaten auf sich vereinigen.

(6) Die Ausschußmitglieder werden für vier Jahre gewählt. Auf erneuten Vorschlag können sie wiedergewählt werden. Die Amtszeit von fünf der bei der ersten Wahl gewählten Mitglieder läuft nach zwei Jahren ab; unmittelbar nach der ersten Wahl werden die

Namen dieser fünf Mitglieder vom Vorsitzenden der Tagung durch das Los bestimmt.

(7) Wenn ein Ausschußmitglied stirbt oder zurücktritt oder erklärt, daß es aus anderen Gründen die Aufgaben des Ausschusses nicht mehr wahrnehmen kann, ernennt der Vertragsstaat, der das Mitglied vorgeschlagen hat, für die verbleibende Amtszeit mit Zustimmung des Ausschusses einen anderen unter seinen Staatsangehörigen ausgewählten Sachverständigen.

(8) Der Ausschuß gibt sich eine Geschäftsordnung.

(9) Der Ausschuß wählt seinen Vorstand für zwei Jahre.

(10) Die Tagungen des Ausschusses finden in der Regel am Sitz der Vereinten Nationen oder an einem anderen vom Ausschuß bestimmten Ort statt. Der Ausschuß tritt in der Regel einmal jährlich zusammen. Die Dauer der Ausschußtagungen wird auf einer Tagung der Vertragsstaaten mit Zustimmung der Generalversammlung festgelegt und wenn nötig geändert.

(11) Der Generalsekretär der Vereinten Nationen stellt dem Ausschuß das Personal und die Einrichtungen zur Verfügung, die dieser zur wirksamen Wahrnehmung seiner Aufgaben nach diesem Übereinkommen benötigt.

(12) Die Mitglieder des nach diesem Übereinkommen eingesetzten Ausschusses erhalten mit Zustimmung der Generalversammlung Bezüge aus Mitteln der Vereinten Nationen zu den von der Generalversammlung zu beschließenden Bedingungen.

Artikel 44 (Berichtspflicht)

(1) Die Vertragsstaaten verpflichten sich, dem Ausschuß über den Generalsekretär der Vereinten Nationen Berichte über die Maßnahmen, die sie zur Verwirklichung der in diesem Übereinkommen anerkannten Rechte getroffen haben, und über die dabei erzielten Fortschritte vorzulegen, und zwar

    a) innerhalb von zwei Jahren nach Inkrafttreten des Übereinkommens für den betreffenden Vertragsstaat,

    b) danach alle fünf Jahre.

(2) In den nach diesem Artikel erstatteten Berichten ist auf etwa bestehende Umstände und Schwierigkeiten hinzuweisen, welche die Vertragsstaaten daran hindern, die in diesem Übereinkommen vorgesehenen Verpflichtungen voll zu erfüllen. Die Berichte müssen auch ausreichende Angaben enthalten, die dem

Ausschuß ein umfassendes Bild von der Durchführung des Übereinkommens in dem betreffenden Land vermitteln.

(3) Ein Vertragsstaat, der dem Ausschuß einen ersten umfassenden Bericht vorgelegt hat, braucht in seinen nach Absatz 1 Buchstaben b vorgelegten späteren Berichten die früher mitgeteilten grundlegenden Angaben nicht zu wiederholen.

(4) Der Ausschuß kann die Vertragsstaaten um weitere Angaben über die Durchführung des Übereinkommens ersuchen.

(5) Der Ausschuß legt der Generalversammlung über den Wirtschafts- und Sozialrat alle zwei Jahre einen Tätigkeitsbericht vor.

(6) Die Vertragsstaaten sorgen für eine weite Verbreitung ihrer Bericht im eigenen Land.

Artikel 45 (Mitwirkung anderer Organe der Vereinten Nationen)

Um die wirksame Durchführung dieses Übereinkommens und die internationale Zusammenarbeit auf dem von dem Übereinkommen erfaßten Gebiet zu fördern,

a) haben die Sonderorganisationen, das Kinderhilfswerk der Vereinten Nationen und andere Organe der Vereinten Nationen das Recht, bei der Erörterung der Durchführung derjenigen Bestimmungen des Übereinkommens vertreten zu sein, die in ihren Aufgabenbereich fallen. Der Ausschuß kann, wenn er dies für angebracht hält, die Sonderorganisationen, das Kinderhilfswerk der Vereinten Nationen und andere zuständige Stellen einladen, sachkundige Stellungnahmen zur Durchführung des Übereinkommens auf Gebiete abzugeben, die in ihren jeweiligen Aufgabenbereich fallen. Der Ausschuß kann die Sonderorganisationen, das Kinderhilfswerk der Vereinten Nationen und andere Organe der Vereinten Nationen einladen, ihm Berichte über die Durchführung des Übereinkommens auf Gebieten vorzulegen, die in ihren Tätigkeitsbereich fallen;

b) übermittelt der Ausschuß, wenn er dies für angebracht hält, den Sonderorganisationen, dem Kinderhilfswerk der Vereinten Nationen und anderen zuständigen Stellen Berichte der Vertragsstaaten, die ein Ersuchen um fachliche Beratung oder Unterstützung oder einen Hinweis enthalten, daß ein diesbezügliches

Bedürfnis besteht; etwaige Bemerkungen und Vorschläge des Ausschusses zu diesen Ersuchen oder Hinweisen werden beigefügt;

c) kann der Ausschuß der Generalversammlung empfehlen, den Generalsekretär zu ersuchen, für den Ausschuß Untersuchungen über Fragen im Zusammenhang mit den Rechten des Kindes durchzuführen;

d) kann der Ausschuß aufgrund der Angaben, die er nach den Artikeln 44 und 45 erhalten hat, Vorschläge und allgemeine Empfehlungen unterbreiten. Diese Vorschläge und allgemeine Empfehlungen werden den betroffenen Vertragsstaaten übermittelt und der Generalversammlung zusammen mit etwaigen Bemerkungen der Vertragsstaaten vorgelegt.

Teil III

Artikel 46 (Unterzeichnung)

Dieses Übereinkommen liegt für alle Staaten zur Unterzeichnung auf.

Artikel 47 (Ratifikation)

Dieses Übereinkommen bedarf der Ratifikation. Die Ratifikationsurkunden werden beim Generalsekretär der Vereinten Nationen hinterlegt.

Artikel 48 (Beitritt)

Dieses Übereinkommen steht allen Staaten zum Beitritt offen. Die Beitrittsurkunden werden beim Generalsekretär der Vereinten Nationen hinterlegt.

Artikel 49 (Inkrafttreten)

(1) Dieses Übereinkommen tritt am dreißigsten Tag nach Hinterlegung der zwanzigsten Ratifikations- oder Beitrittsurkunde beim Generalsekretär der Vereinten Nationen in Kraft.

(2) Für jeden Staat, der nach Hinterlegung der zwanzigsten Ratifikations- oder Beitrittsurkunde dieses Übereinkommen

ratifiziert oder ihm beitritt, tritt es am dreißigsten Tag nach Hinterlegung seiner eigenen Ratifikations- oder Beitrittsurkunde in Kraft.

Artikel 50 (Änderungen)

(1) Jeder Vertragsstaat kann eine Änderung vorschlagen und sie beim Generalsekretär der Vereinten Nationen einreichen. Der Generalsekretär übermittelt sodann den Änderungsvorschlag den Vertragsstaaten mit der Aufforderung, ihm mitzuteilen, ob sie eine Konferenz der Vertragsstaaten zur Beratung und Abstimmung über den Vorschlag befürworten. Befürwortet innerhalb von vier Monaten nach dem Datum der Übermittlung wenigstens ein Drittel der Vertragsstaaten eine solche Konferenz, so beruft der Generalsekretär die Konferenz unter der Schirmherrschaft der Vereinten Nationen ein. Jede Änderung, die von der Mehrheit der auf der Konferenz anwesenden und abstimmenden Vertragsstaaten angenommen wird, wird der Generalversammlung zur Billigung vorgelegt.

(2) Eine nach Absatz 1 angenommene Änderung tritt in Kraft, wenn sie von der Generalversammlung der Vereinten Nationen gebilligt und von einer Zweidrittelmehrheit der Vertragsstaaten angenommen worden ist.

(3) Tritt eine Änderung in Kraft, so ist sie für die Vertragsstaaten, die sie angenommen haben, verbindlich, während für die anderen Vertragsstaaten weiterhin die Bestimmungen dieses Übereinkommens und alle früher von Ihnen angenommenen Änderungen gelten.

Artikel 51 (Vorbehalte)

(1) Der Generalsekretär der Vereinten Nationen nimmt den Wortlaut von Vorbehalten, die ein Staat bei der Ratifikation oder beim Beitritt anbringt, entgegen und leitet ihn allen Staaten zu.

(2) Vorbehalte, die mit Ziel und Zweck dieses Übereinkommen unvereinbar sind, sind nicht zulässig.

(3) Vorbehalte können jederzeit durch eine an den Generalsekretär der Vereinten Nationen gerichtete diesbezügliche Notifikation zurückgenommen werden; dieser setzt alle Staaten davon in Kenntnis. Die Notifikation wird mit dem Tag ihres Eingangs beim Generalsekretär wirksam.

Artikel 52 (Kündigung)

Ein Vertragsstaat kann dieses Übereinkommen durch eine an den Generalsekretär der Vereinten Nationen gerichtete schriftliche Notifikation kündigen. Die Kündigung wird ein Jahr nach Eingang der Notifikation beim Generalsekretär wirksam.

Artikel 53 (Verwahrung)

Der Generalsekretär der Vereinten Nationen wird zum Verwahrer dieses Übereinkommens bestimmt.

Artikel 54 (Urschrift, verbindlicher Wortlaut)

Die Urschrift dieses Übereinkommens, dessen arabischer, chinesischer, englischer, französischer, russischer und spanischer Wortlaut gleichermaßen verbindlich ist, wird beim Generalsekretär der Vereinten Nationen hinterlegt.

Zu Urkund dessen haben die unterzeichneten, von ihren Regierungen hierzu gehörig befugten Bevollmächtigten dieses Übereinkommen unterschrieben.

Ethik und Menschenrechte

Die Erklärung der Menschenrechte waren notwendig geworden (und schon sehr lange überfällig gewesen), da viele Vorgehensweisen der verschiedensten Gemeinschaften und Staaten – man kann sagen, eigentlich seit Menschengedenken - menschlich überhaupt nicht akzeptabel waren und viele ethische Probleme mit sich brachten sowie den (sozialen) Frieden, innerhalb wie außerhalb der Grenzen ihrer Gemeinschaft, störten. Man kann die Menschenrechtskonvention auch als den ersten Versuch ansehen, eine Weltethik zu begründen. Dennoch ist sie es nicht. Sie ist ein überstaatliches Recht, zu dessen Annahme sich die Staaten freiwillig verpflichtet haben und sich auch genauso freiwillig verpflichteten, hiernach handeln zu wollen (was ihnen dennoch nicht immer gelingt).

Die USA, welche sich als Verfechter der Menschenrechte besonders verpflichtet sehen, haben selber Probleme damit, sich an diese Norm zu halten. Öffentliche Vorführungen von Gefangenen, harte Straflager und andere Unsitten lassen oftmals anzweifeln, ob sie wirklich die Menschenrechte in allen Punkten achten wollen. Am gravierendsten ist es mit der Todesstrafe, die in einigen amerikanischen Staaten erlaubt ist und auch vollzogen wird. Der amerikanische Präsident George W. Bush hatte als Gouverneur von Texas viele Todesurteile selbst unterschrieben.

Kann so ein Mensch Achtung vor den Menschenrechten haben? Würden wir, falls es die Todesstrafe in Deutschland gäbe, bei einem Sexualstraftäter, der ein kleines Kind missbraucht und getötet hat, nicht auch eine Todesstrafe mit unterschreiben wollen, statt diese abzulehnen? Die Frage der Ethik (also die Lehre vom Sittlichen, implizit die Gesamtheit der sittlichen Grundsätze) stößt an viele Grenzen.

Ist es nun ethisch vertretbar, dass manche Staaten die Todesstrafe haben? Und ist es auch mit den Menschenrechten vereinbar?

Wenn das die Ethik der Staatsbürger zulässt und deren Gesetz, so ist das lokal gesehen, ethisch vertretbar. Jedes Land kann da seine eigene Ethik entwickeln. Aber sie findet dort ihre Grenze, wo sie an die *Weltethik* stößt.

Würde es denn beispielsweise die Weltgemeinschaft zulassen, wenn irgendeine Nation wieder Juden verfolgen würde und

KZs errichtet? Sicherlich nicht. Ein größerer Teil der Weltgemeinschaft würde dagegen protestieren, selbst wenn diese Nation behaupten würde, dieser Protest wäre ein Eingriff in ihre inneren Angelegenheiten. Aber da das, was in diesem Land geschähe, die Weltethik verletzen würde, wäre es keine nationale Angelegenheit mehr, sondern eine Angelegenheit der solidarischen Staatengemeinschaft.

Nun besteht aber das Problem, dass es definitiv gar keine festgelegte Weltethik gibt, die genauestens definiert, was der Weltgemeinschaft nun ethisch sein darf und was nicht. Es gibt zwar die Menschenrechte, an die sich mehr oder weniger eine Anzahl von ca. 140 Staaten hält (gleiches betrifft die Kinderrechte), aber eine internationale *Charta der Weltethik* gibt es dagegen noch nicht. Das aber ist ein echter Mangel.

Um eine solche globale Weltethik aufstellen zu können, müsste eine internationale Volksbefragung stattfinden. Vielleicht würde auch eine repräsentative Umfrage reichen. Wenn es nun eine *Charta der Weltethik* gäbe, müsste man auch alle Staaten verpflichten sich hieran zu halten. Kaum anzunehmen, dass die Regierungen sich darauf einlassen würden.

Da der Mensch im Grunde seinen Wesens friedfertig ist (davon bin ich noch immer überzeugt), zumindest der größere Anteil hiervon, und kaum ein Mensch freiwillig und von sich heraus ohne irgendeine Not einen Krieg haben wollte, würde sicherlich ganz oben auf der Charta der Weltethik stehen: *„Du sollst nicht töten Deinesgleichen (den Mensch)!"*, *„Du sollst keinen Krieg führen!"* sowie *„Du sollst keine Waffen nehmen und andere bedrohen oder verletzen!"*. Aber auch *„Du sollst eine bessere Welt zurücklassen, als wie Du Deine vorgefunden hast!"*, was impliziert, dass man die Natur (Fauna und Flora) pflegen, achten und schützen soll. Eine solche *Charta der Weltethik*, wenn sie denn verpflichtend und verbindlich wäre für die Staatengemeinschaft (was sicherlich wünschenswert wäre), würde dazu führen, dass die Staaten ihre Militärs abschaffen müssten. Alleine hierfür lohnt es schon, sich für eine solche Charta einzusetzen.

Es würde aber auch der Wissenschaft enge Grenzen setzen, wie weit sie mit ihrer Forschung gehen dürften. Und da die *Charta der Weltethik* vor keinen nationalen Grenzen halt machen würde, könnten die Wissenschaftler den Politikern und den Bürgern nicht mehr drohen, dass sie auswandern werden, wenn man ihrem Willen nicht nachgibt, damit sie dann im Ausland das machen können, was sie im eigenen Land nicht durften. Diese Erpressungen hätten dann ein Ende.

Eine Charta der Weltethik aufzustellen, dürfte in den nächsten Jahren also eine wichtige Aufgabe sein (weiteres hierzu im *WorldWideWeb* unter: „*www.charta-der-weltethik.de*").

Man muß also einen Fragenkatalog aufstellen und die Antworten dann per Volksabstimmung ermitteln. So sähe eigentlich das korrekte Verfahren aus, um eine vom Volk getragene und mitverantwortete Weltethik begründen zu können. Da das Gebiet der Ethik aber sehr weit umspannend und vielschichtig ist, zum Teil auch sehr schwierig zu vermitteln und zu diskutieren, ist es fraglich, ob man es schafft, eine größere Bevölkerungsgruppe motivieren zu können, sich mit dieser oft schwierigen und schwerwiegenden Thematik zu beschäftigen, um dann kompetent an einer Volksbefragung teilnehmen zu können. Wer sich aber kompetent in dieses Sachgebiet eingearbeitet hat, der sieht das eine oder andere Problem aber auch wiederum viel differenzierter, würde also anders auf einen Fragebogen reagieren und antworten, als zuvor noch mit ganz unbedarfter Einstellung. So stellt sich hier auch die Frage nach Quantität und Qualität. Denn eine weitere Problematik ist nämlich, wie man das Ganze richtig Gewichten will. Die größte Staatengemeinschaft bilden die Chinesen. Deren Einstellung zur Ethik könnten als Asiaten (zudem geprägt vom Kommunismus) weitaus anders aussehen, als unsere Ethik der industrialisierten Mitteleuropäer.

Wenn nun in China eine Volksbefragung zur Ethik stattfände und diese von dem dort herrschenden Regime durch eine immense Beeinflussung (auch durch Einschüchterung) ihrer Bürger geprägt würde, hätte das bei den über 1 Milliarde dort lebenden Chinesen einen großen Einfluß auf eine *Charta der Weltethik*, deren Anspruch dann in Frage gestellt wäre, wirklich als Ethikanspruch für alle Erdenbewohner Bestand haben zu können. Dennoch ist es eine wichtige Aufgabe, diese Weltethik nun in den nächsten Jahren zu erstellen, wenngleich auch immer ein Mangel in der Sache selbst bestehen bleiben wird. Aber so ist es auch mit den Kinder- und Menschenrechten, und kaum mehr einer würde sagen, es ist falsch das es sie gibt. Zudem führt ja ein Blick auf eine veränderte Welt, zu einem veränderten Blick auf die Welt. Und wer eines Tages mit anderen Augen die Welt sieht, als wie er es bisher getan hat, der wird bestimmt verstehen, wie wichtig es ist, nun eine globale Ethik zu formulieren.

Es wird gewiss auch ein Problem sein, einen Fragenkatalog für eine Volksbefragung überhaupt korrekt aufzustellen. Da viele Menschen hieran beteiligt sein müssten, könnte es ja durchaus der Fall sein, dass gerade diejenigen sich engagieren werden (Forscher und Industrieagenten beispielsweise), die gar nicht daran interessiert sein können, dass eine *Charta der Weltethik* entsteht, die ihren eigenen Bedürfnissen und Wünschen womöglich entgegensteht. Sie könnten das ganze Projekt unterlaufen, und wenn sie sogar in Überzahl auftreten, ein solches Projekt blockieren und zum Kippen bringen oder so beeinflussen, das der Fragebogen derart gestaltet wird, das es zu keinem vernünftigen Ergebnis kommen kann. Dann werden sie selbst ein solches Papier herausbringen, welches zwar ihren Wünschen und Ideen entspricht, aber nicht wirklich den Willen der Bevölkerung erkennen lässt. Von daher sollten sich von Beginn an ganz stark Kinder- und Menschenrechtler ebenso engagieren, wie auch Ökologen und Naturschützer, ja selbst auch der *einfache* Bürger, der *Mann von der Straße*, um eine *Charta der Weltethik* entstehen zu lassen.

Wenn beispielsweise die Weltethik die Todesstrafe erlauben würde, könnten wir uns als Deutsche, die wir ja keine Todesstrafe mehr in unserem Land haben, damit abfinden können, das wir sie auf diesem Wege wieder erneut einführten?

Wenn wir also eine *Weltethik* in die Welt setzen wollen, mit unserem eigenen Verständnis für Ethik, dann könnte es durchaus sein, dass das Ergebnis ein ganz anderes ist, als wie wir es erwartet haben. Beispielsweise könnten die Biotechfirmen durch ihre Werbung (Propaganda), die Menschen derart stark beeinflussen, dass sie ein Klima in der Bevölkerung erzeugen, das beispielsweise ein Klonen von Menschen ethisch vertretbar werden ließe. Um überhaupt eine solche Befragung der Bevölkerung durchführen zu können, bedarf es Geld, Man-Power, und die Unterstützung des Staates. Insofern im Ansatz schon ein schwieriges Unterfangen. Um aber überhaupt in eine Diskussion einer Weltethik einsteigen zu können, ist es wichtig die Menschenrechtskonvention zu kennen, von daher ist sie mit hier abgedruckt.

Jetzt dürfte sicherlich der eine oder andere fragen, was hat die Wissenspille mit *Weltethik* und der *Menschenrechtskonvention* zu tun?

Da die Wissenspille eine besondere „*Arznei*" ist, die, wenn man sie zum Positiven nutzt, viel Gutes bringen kann, beispielsweise im schulischen und beruflichen Bereich oder im Umweltschutz, aber auch sich damit viel gefährlicher Unfug anstellen lässt, ist gerade in letzteren Falle die Ethik betroffen. Und damit werden auch die Menschenrechte angesprochen.

Wie wäre es denn mit einer Pazifisten-Wissenspille, die die Menschen tiefgehend friedfertig werden lässt. Ja so friedfertig, dass diese Menschen, nach der Einnahme der Pazifisten-Wissenspille, Gewalt und Militär nun abgrundtief verabscheuen? Kaum anzunehmen, dass der Staat dies unterstützen würde. Gegenteilig würden die Militärs der Staaten eine Kriegs-Wissenspille haben wollen, und den Menschen, welche zu einem militärischen Einsatz abkommandiert werden, eine Pille geben, die sie gewalttätig und tollkühn werden lässt.

Ich hoffe, in den vorgehenden Kapiteln konnte ich die Problematiken einigermaßen gut eröffnen, inwiefern dadurch Menschenrechte und Ethik angesprochen werden. Und möglicherweise so gut, dass diese bei den Diskussionen zu den Menschenrechten zukünftig mit berücksichtigt werden, als auch in der Begründung einer Weltethik(-charta), also auch, ob man die Wissenspille mit ihrem Gefahrenpotential überhaupt weiter erforschen soll oder nicht, selbst dann, wenn sie das Potential dazu hat (beispielsweise im Umweltschutz) zu schnelleren Verbesserungen zu kommen.

Und auch, ob man die Forschung in vielen Gebieten nicht besser stoppen sollte, bevor deren Ergebnisse zu einer großen Gefahr für die Menschheit werden (neben den Erzeugnissen die es schon sind, wie die Atombombe beispielsweise). Denn der explosionsartige Fortschritt wird wie ein Kreisel alles umherwirbeln: Kulturen, Politik, Moral, Ethik, Ökonomie, Ökologie und vieles vieles mehr, um in einer einzigartigen Sturmorgie alles zu vernichten, was die Natur in einem Millionen jahrelangen evolutionären Prozeß aufgebaut hat. Es wird aber kein kreatives Zerstören sein, aus dem Neues (und Besseres) geboren wird, es wird ein endgültiges Auslöschen werden für die Menschheit. Insofern verlangen die Menschenrechte von weiterer Forschung Abstand zu nehmen. Oder nicht? In vielen Punkten scheint die Menschenrechtskonvention noch nicht auf dem neuesten Stand zu sein. Doch lesen und urteilen Sie selbst:

Allgemeine Erklärung der Menschenrechte

(vom 10. Dezember 1948)

Präambel

* Da die Anerkennung der allen Mitgliedern der menschlichen Familie innewohnenden Würde und ihrer gleichen und unveräußerlichen Rechte die Grundlage der Freiheit, der Gerechtigkeit und des Friedens in der Welt bildet,
* da Verkennung und Mißachtung der Menschenrechte zu Akten der Barbarei führten, die das Gewissen der Menschheit tief verletzt haben, und da die Schaffung einer Welt, in der den Menschen, frei von Furcht und Not, Rede- und Glaubensfreiheit zuteil wird, als das höchste Bestreben der Menschheit verkündet worden ist,
* da es wesentlich ist, die Menschenrechte durch die Herrschaft des Rechtes zu schützen, damit der Mensch nicht zum Aufstand gegen Tyrannei und Unterdrückung als letztem Mittel gezwungen wird,
* da es wesentlich ist, die Entwicklung freundschaftlicher Beziehungen zwischen den Nationen zu fördern,
* da die Völker der Vereinten Nationen in der Satzung ihren Glauben an die grundlegenden Menschenrechte, an die Würde und den Wert der menschlichen Person und an die Gleichberechtigung von Mann und Frau erneut bekräftigt und beschlossen haben, den sozialen Fortschritt und bessere Lebensbedingungen bei größerer Freiheit zu fördern,
* da die Mitgliedstaaten sich verpflichtet haben, in Zusammenarbeit mit den Vereinten Nationen die allgemeine Achtung und Verwirklichung der Menschenrechte und Grundfreiheiten durchzusetzen,
* die eine gemeinsame Auffassung über diese Rechte und Freiheiten von größter Wichtigkeit für die volle Erfüllung dieser Verpflichtung ist,

proklamiert die Generalversammlung diese Allgemeine Erklärung der Menschenrechte als das von allen Völkern und Nationen zu erreichende gemeinsame Ideal, damit jeder einzelne und alle Organe der Gesellschaft sich diese Erklärung stets gegenwärtig halten und sich bemühen, durch Unterricht und Erziehung die

Achtung dieser Rechte und Freiheiten zu fördern und durch fortschreitende Maßnahmen im nationalen und internationalen Bereich ihre allgemeine und tatsächliche Anerkennung und Verwirklichung bei der Bevölkerung sowohl der Mitgliedstaaten wie der ihrer Oberhoheit unterstehenden Gebiete zu gewährleisten.

Artikel 1

Alle Menschen sind frei und gleich an Würde und Rechten geboren. Sie sind mit Vernunft und Gewissen begabt und sollen einander im Geiste der Brüderlichkeit begegnen.

Artikel 2

Jedermann hat Anspruch auf die in dieser Erklärung proklamierten Rechte und Freiheiten ohne irgendeine Unterscheidung, wie etwa nach Rasse, Farbe, Geschlecht, Sprache, Religion, politischer oder sonstiger Überzeugung, nationaler oder sozialer Herkunft, nach Vermögen, Geburt oder sonstigem Status. Weiter darf keine Unterscheidung gemacht werden auf Grund der politischen, rechtlichen oder internationalen Stellung des Landes oder Gebietes, dem eine Person angehört ohne Rücksicht darauf, ob es unabhängig ist, unter Treuhandschaft steht, keine Selbstregierung besitzt oder irgendeiner anderen Beschränkung seiner Souveränität unterworfen ist.

Artikel 3

Jedermann hat ein Recht auf Leben, Freiheit und Sicherheit der Person.

Artikel 4

Niemand darf in Sklaverei oder Leibeigenschaft gehalten werden; Sklaverei und Sklavenhandel sind in allen Formen verboten.

Artikel 5

Niemand der Folter oder grausamer, unmenschlicher oder erniedrigender Behandlung oder Strafe unterworfen werden.

Artikel 6

Jedermann hat das Recht, überall als rechtsfähig anerkannt zu werden.

Artikel 7

Alle Menschen sind vor dem Gesetz gleich und haben ohne Diskriminierung Anspruch auf gleichen Schutz durch das Gesetz. Alle haben Anspruch auf gleichen Schutz gegen jede Diskriminierung, welche die vorliegende Erklärung verletzen würde, und gegen jede Aufreizung zu einer derartigen Diskriminierung.

Artikel 8

Jedermann hat einen Anspruch auf einen wirksamen Rechtsbehelf bei den zuständigen innerstaatlichen Gerichten gegen Handlungen, die seine ihm nach der Verfassung oder nach dem Gesetz zustehenden Grundrechten verletzen.

Artikel 9

Niemand darf willkürlich festgenommen, in Haft gehalten oder des Landes verwiesen werden.

Artikel 10

Jedermann hat in voller Gleichberechtigung Anspruch darauf, daß über seine Ansprüche und Verpflichtungen und über jede gegen ihn erhobene strafrechtliche Anklage durch ein unabhängiges und unparteiisches Gericht in billiger Weise und öffentlich verhandelt wird.

Artikel 11

1) Jeder wegen einer strafbaren Handlung Angeklagte hat Anspruch darauf, als unschuldig zu gelten, bis eine Schuld in einem öffentlichen Verfahren, in dem er alle für seine Verteidigung notwendigen Garantien gehabt hat, gemäß dem Gesetz nachgewiesen ist.

2) Niemand darf wegen einer Handlung oder Unterlassung verurteilt werden, die zur Zeit ihrer Begehung nach inländischem oder nach internationalem Recht nicht strafbar war. Ebenso darf keine schwerere Strafe als die im Zeitpunkt der Begehung der strafbaren Handlung angedrohte Strafe verhängt werden.

Artikel 12

Niemand darf willkürlichen Eingriffen in sein Privatleben, seine Familie, seine Wohnung und seinen Schriftverkehr oder rechtswidrigen Beeinträchtigungen seiner Ehre und seines Rufes ausgesetzt werden. Jedermann hat Anspruch auf rechtlichen Schutz gegen solche Eingriffe oder Beeinträchtigungen.

Artikel 13

1) Jedermann hat das Recht, sich innerhalb eines Staates frei zu bewegen und seinen Wohnsitz frei zu wählen.
2) Jedermann hat das Recht, jedes Land einschließlich seines eigenen zu verlassen und in sein Land zurückzukehren.

Artikel 14

1) Jedermann hat das Recht, in anderen Ländern vor Verfolgung Asyl zu suchen und zu genießen.
2) Das Recht kann im Fall einer Verfolgung wegen echter nichtpolitischer Verbrechen oder wegen Handlungen, die gegen die Ziele und Grundsätze der Vereinten Nationen verstoßen, nicht in Anspruch genommen werden.

Artikel 15

1) Jedermann hat einen Anspruch auf eine Staatszugehörigkeit.
2) Niemanden darf eine Staatsangehörigkeit willkürlich entzogen noch ihm das Recht versagt werden, seine Staatsangehörigkeit zu wechseln.

Artikel 16

1) Männer und Frauen im heiratsfähigen Alter haben ohne Beschränkung auf Grund der Rasse, der Staatsangehörigkeit oder der Religion das Recht, eine Ehe einzugehen und eine Familie zu gründen. Sie haben haben gleiche Rechte bei der Eheschließung, während der Ehe und bei Auflösung der Ehe.

2) Eine Ehe darf nur im freien und vollen Einverständnis der künftigen Ehegatten geschlossen werden.

Artikel 17

1) Jedermann hat das Recht, allein oder in Gemeinschaft mit anderen Eigentum zu haben.
2) Niemand darf willkürlich seines Eigentum beraubt werden.

Artikel 18

Jedermann hat das Recht auf Gedanken-, Gewissens- und Religionsfreiheit; dieses Recht umfaßt die Freiheit, seine Religion oder seine Weltanschauung zu wechseln, sowie die Freiheit, seine Religion oder Weltanschauung, allein oder in Gemeinschaft mit anderen, öffentlich oder privat durch Unterricht, Ausübung, Gottesdienst und Beachtung religiöser Bräuche zu bekunden.

Artikel 19

Jedermann hat das Recht auf Freiheit der Meinung und der Meinungsäußerung; dieses Recht umfaßt die unbehinderte Meinungsfreiheit und die Freiheit, ohne Rücksicht auf Staatsgrenzen Informationen und Gedankengut durch Mittel jeder Art zu beschaffen, zu empfangen und weiterzugeben.

Artikel 20

1) Jedermann hat das Recht auf Versammlungs- und Vereinigungsfreiheit zu friedlichen Zwecken.

2) Niemand darf gezwungen werden, einer Vereinigung anzugehören.

Artikel 21

1) Jedermann hat das Recht, an der Gestaltung der öffentlichen Angelegenheiten seines Landes unmittelbar oder durch frei gewählte Vertreter teilzunehmen.
2) Jedermann hat unter gleichen Bedingungen das Recht auf Zugang zu öffentlichen Ämtern in seinem Lande.
3) Der Wille des Volkes bildet die Grundlage für die Autorität der öffentlichen Gewalt; dieser Wille muß durch wiederkehrende, echte, allgemeine und gleiche Wahlen zum Ausdruck kommen, die mit einem gleichwertigen freien Wahlverfahren stattfinden.

Artikel 22

Jedermann hat als Mitglied der Gesellschaft Recht auf soziale Sicherheit und hat Anspruch darauf, durch innerstaatliche Maßnahmen und internationale Zusammenarbeit unter Berücksichtugung der Organisation und der Hilfsmittel jedes Staates in den Genuß der für seine Würde und die freie Entwicklung seiner Persönlichkeit unentbehrlichen wirtschaftlichen, sozialen und kulturellen Rechte zu gelangen.

Artikel 23

1) Jedermann hat das Recht auf Arbeit, auf freie Berufswahl, auf angemessene und befriedigende Arbeitsbedingungen sowie auf Schutz gegen Arbeitslosigkeit.
2) Alle Menschen haben ohne jede Diskriminierung das Recht auf gleichen Lohn für gleiche Arbeit.
3) Jedermann, der arbeitet, hat das Recht auf gerechte und günstige Entlohnung, die ihm und seiner Familie einer der menschlichen Würde entsprechende Existenz sichert und die, wenn nötig, durch andere soziale Schutzmaßnahmen zu ergänzen ist.
4) Jedermann hat das Recht, zum Schutze seiner Interessen Gewerkschaften zu bilden und solchen beizutreten.

Artikel 24

Jedermann hat das Recht auf Arbeitspausen und Freizeit einschließlich einer angemessenen Begrenzung der Arbeitszeit sowie auf regelmäßigen bezahlten Urlaub.

Artikel 25

1) Jedermann hat das Recht auf einen für die Gesundheit und das Wohlergehen von sich und seiner Familie angemessenen Lebensstandard, einschließlich ausreichender Ernährung, Bekleidung, Wohnung, ärztlicher Versorgung und notwendiger sozialer Leistungen, sowie ferner das Recht auf Sicherheit im Falle von Arbeitslosigkeit, Krankheit, Invalidität, Verwitwung, Alter oder von anderweitigem Verlust seiner Unterhaltsmittel durch unverschuldete Umstände.

2) Mütter und Kinder haben Anspruch auf besondere Hilfe und Unterstützung. Alle Kinder, eheliche und außereheliche, genießen gleichen sozialen Schutz.

Artikel 26

1) Jedermann hat das Recht auf Bildung. Der Unterricht muß zum mindesten in der Elementar- und Grundstufe unentgeltlich sein. Der Elementarunterricht ist obligatorisch. Fach- und Berufsschulunterricht müssen allgemein verfügbar sein, und der Hochschulunterricht muß nach Maßgabe ihrer Fähigkeiten allen in gleicher Weise offenstehen.

2) Die Bildung muß auf die volle Entfaltung der menschlichen Persönlichkeit und auf die Stärkung der Achtung vor den Menschenrechten und Grundfreiheiten gerichtet sein. Sie muß Verständnis, Toleranz und Freundschaft zwischen allen Völkern und allen rassischen oder religiösen Gruppen fördern und die Tätigkeit der Vereinten Nationen zur Aufrechterhaltung des Friedens unterstützen.

3) Die Eltern haben ein vorrangiges Recht, die Art der Bildung zu wählen, die ihren Kindern zuteil werden soll.

Artikel 27

1) Jedermann hat das Recht am kulturellen Leben der Gemeinschaft frei teilzunehmen, sich an den Künsten zu erfreuen, am wissenschaftlichen Fortschritt und dessen Errungenschaften teilzunehmen.

2) Jedermann hat das Recht auf Schutz der geistigen und materiellen Interessen, die sich für ihn als Urheber von Werken der Wissenschaft, Literatur und Kunst ergeben.

Artikel 28

Jedermann hat Recht auf eine soziale und internationale Ordnung, in der die in dieser Erklärung ausgesprochenen Rechte und Freiheiten voll verwirklicht werden können.

Artikel 29

1) Jedermann hat Pflichten gegenüber der Gemeinschaft, in der allein die freie und volle Entwicklung seiner Persönlichkeit möglich ist.

2) Jedermann ist bei der Ausübung seiner Rechte und Freiheiten nur den Beschränkungen unterworfen, die das Gesetz ausschließlich zu dem Zweck vorsieht, die Anerkennung und Achtung der Rechte und Freiheiten anderer zu sichern und den gerechten Anforderungen der Moral, der öffentlichen Ordnung und des allgemeinen Wohles in einer demokratischen Gesellschaft zu genügen.

3) Diese Rechte und Freiheiten dürfen in keinem Fall im Widerspruch zu den Zielen und Grundsätzen der Vereinten Nationen ausgeübt werden.

Artikel 30

Nichts in dieser Erklärung darf dahin ausgelegt werden, daß es für einen Staat, eine Gruppe oder eine Person das Recht begründet, eine Tätigkeit auszuüben oder eine Handlung zu begehen, die auf die Abschaffung, der in dieser Erklärung ausgesprochenen Rechte und Freiheiten hinzielt.

Schlusswort:

Bevor Sie aber dieses Buch weglegen und sagen: *„Alles Blödsinn, was hier geschrieben steht!"* hören Sie in Zukunft vielleicht doch genauer darauf, welche Neuerungen Ihnen die Wissenschaftler präsentieren. Und ich bin sicher, vieles wird Sie an die Themen in diesem Buch hier erinnern.

Diskutieren Sie auch mit anderen Menschen hierüber, inwiefern Sie selbst eine solche Zukunft für sich oder für Ihre Kinder haben wollen. Überlegen Sie bitte auch, inwiefern Sie selbst etwas für die Zukunft tun können und tun sollten; und wenn vielleicht nicht für sich selbst, dann doch für Ihre (unsere) Kinder und deren Kinder und folgenden Kinderskindern. Denn wir tragen Verantwortung, zwar nicht für die Vergangenheit, also der Zeit vor unserer Lebenszeit, und nur teilweise für die Gegenwart, aber viel für die Zukunft!

Jedoch, das muß fairerweise gesagt werden, den Weltenlauf halten wir Menschen nicht auf. Das ginge wenn überhaupt nur gemeinsam und miteinander. Aufgrund der Eigenschaften der Menschen ist aber eine so übereinstimmende Gemeinsamkeit undenkbar und ausgeschlossen, von daher kommt es sicher teils so, wie von mir hier beschrieben wurde, früher oder später. Genießen Sie daher Ihr Leben! Und machen Sie es Ihren Kinder (sollten Sie welche haben), ebenso wie allen anderen Kindern, erträglicher, auf der Welt zu sein, solange die Kinder noch die Möglichkeit haben Kind sein zu dürfen.

Sollten Sie der Meinung gewesen sein, dass ich vieles zu schwarz gesehen habe, was die Zukunft betrifft, dann wundern Sie sich bitte später nicht, wenn es sich doch eher als ein sehr schwaches Grau herausstellt. Wer das, was in Zukunft Negatives auf uns zukommt, nicht will, der sollte etwas dagegen tun. So wie auch andere Leute sich zusammengefunden haben und aktive Gemeinschaften bildeten aus denen beispielsweise Umweltschutzorganisationen wurden, wie *Greenpeace* oder *Robin Wood*. Noch sind es aber zu wenige. Denn was nützen uns all die Seher, Mahner und Visionäre, wenn **Sie** nichts gegen die negativen Umstände etwas unternehmen? Werden Sie also aktiv! Wehren Sie sich gegen Umweltverschmutzung und Raubbau an der Natur! Lassen Sie es nicht zu, dass die Erde von Politik, Wissenschaft und Militär zerstört wird!

Die Kinder der Zukunft werden es Ihnen danken!

www.ingramcontent.com/pod-product-compliance
Lightning Source LLC
Chambersburg PA
CBHW050217230526
45470CB00001B/430